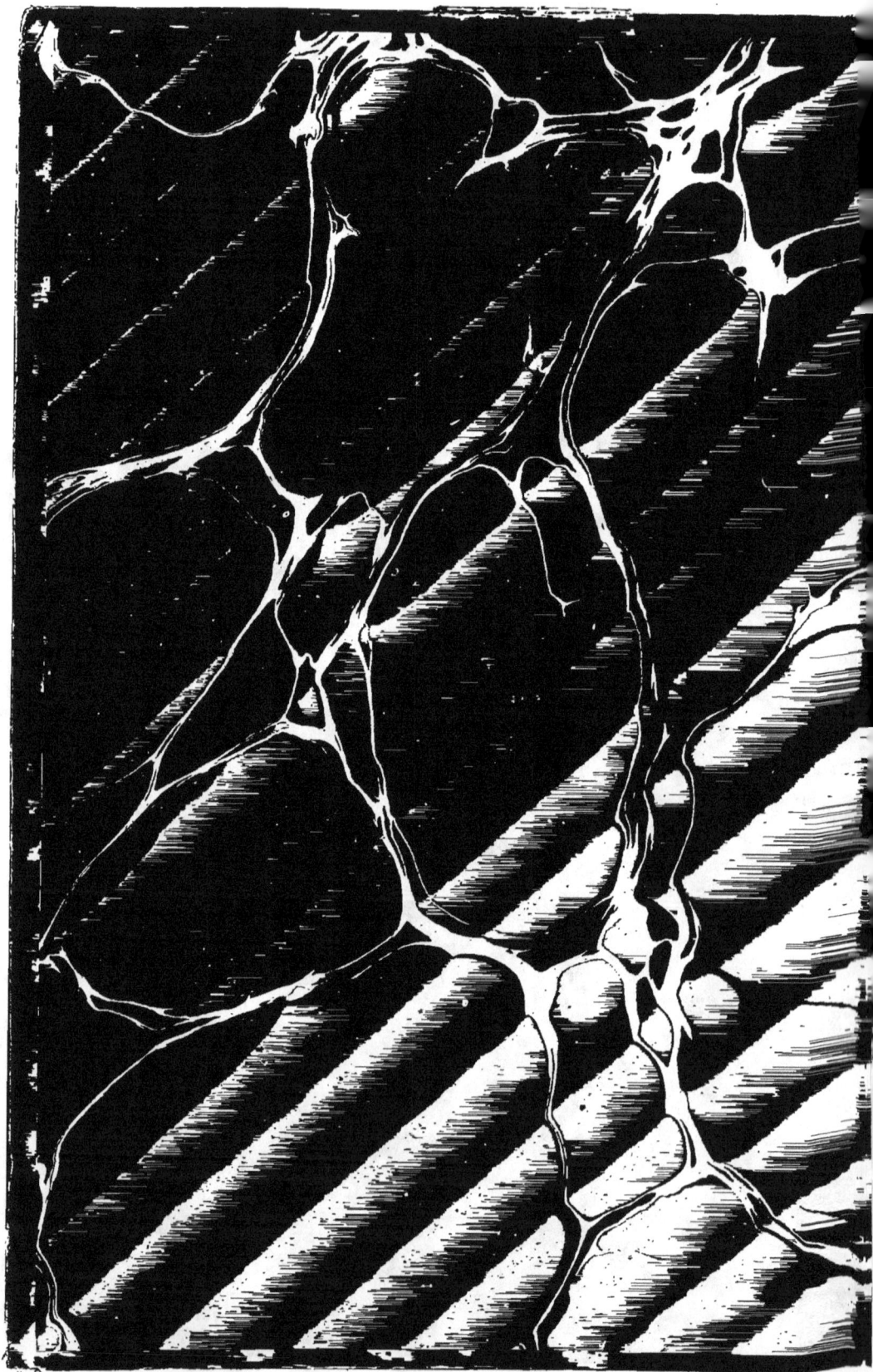

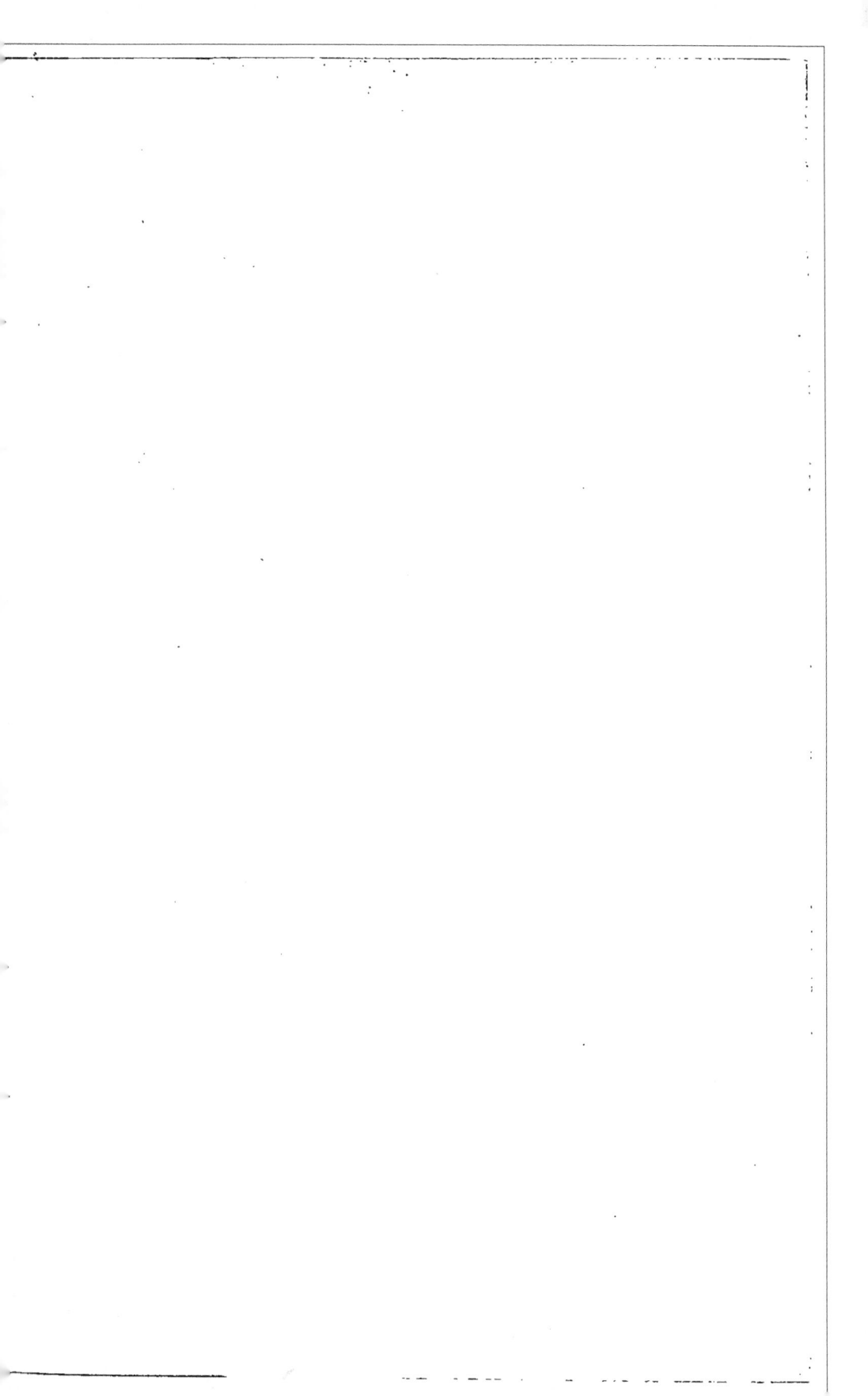

CHASSE AU CHIEN D'ARRET.

CHASSE

AU

CHIEN D'ARRÊT

GIBIER A PLUMES

Par M. CHENU,

DOCTEUR EN MÉDECINE.

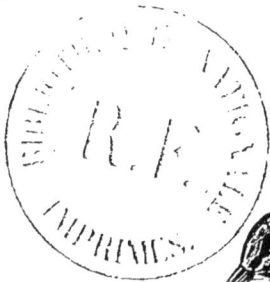

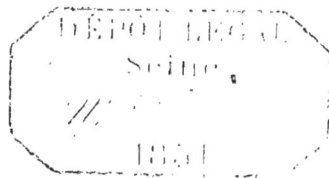

PARIS

CHEZ MARESCQ ET Cie,

ÉDITEURS DE L'ENCYCLOPÉDIE D'HISTOIRE NATURELLE, 5, RUE DU PONT-DE-LODI.

Chez Gustave HAVARD, 15, rue Guénégaud.

1851.

AU LECTEUR.

En faisant imprimer ce petit volume, nous n'a-vons pas eu l'intention de publier un traité complet de la chasse au chien d'arrêt, et encore moins la prétention de rivaliser avec les auteurs qui ont écrit sur le même sujet. Nous abordons la question sous un autre point de vue, et ce ne sera pas, nous l'espérons, sans intérêt pour le chasseur.

Nous nous sommes souvent trouvé avec des ti-reurs habiles qui, non-seulement ne connaissaient pas le nom d'un oiseau qu'ils venaient d'abattre, mais ne savaient même pas toujours s'il était man-geable : cela s'explique par le nombre et la variété des espèces du gibier à plumes : aussi notre but est-il de chercher à faire connaître les oiseaux de chasse qu'on peut rencontrer en France, leurs habitudes, leurs ruses, les lieux qu'ils préfèrent, les époques du passage de ceux qui viennent des régions du Nord ou du Midi, et la manière de les chasser avec le plus de chances de succès.

Nous aurions sans doute pu donner plus de développement à cet opuscule, et parler de beaucoup de petits oiseaux, tels que les grives, les alouettes, etc., justement appréciés sur nos tables ; mais cela nous aurait entraîné au delà des limites indiquées par le titre que nous avons adopté. Nous avons cru devoir négliger ce menu gibier, plutôt du ressort de l'oiseleur que du chasseur au fusil, pour nous occuper de quelques beaux oiseaux de passage peu connus, parce qu'ils sont peu communs dans la plupart des départements du centre de la France, où cependant ils s'égarent quelquefois pendant un orage ou par un brouillard épais.

Nous avons évité aussi de parler des piéges à l'aide desquels on peut détruire le gibier : c'eût été favoriser le braconnage au détriment des chasseurs, et par la même raison nous avons insisté sur les moyens de faciliter la reproduction des oiseaux, qu'on ne saurait trop multiplier.

Indépendamment des variétés accidentelles, les oiseaux présentent, dans la même espèce, de nombreuses variations de plumage suivant le sexe, l'âge et la saison pendant laquelle on les tue; nous n'avons pu indiquer toujours toutes ces différences, mais les principales ont été citées avec soin.

La plupart des gravures qui viennent à l'appui de nos descriptions ont été exécutées d'après les dessins si habilement faits sur nature par M. Gould.

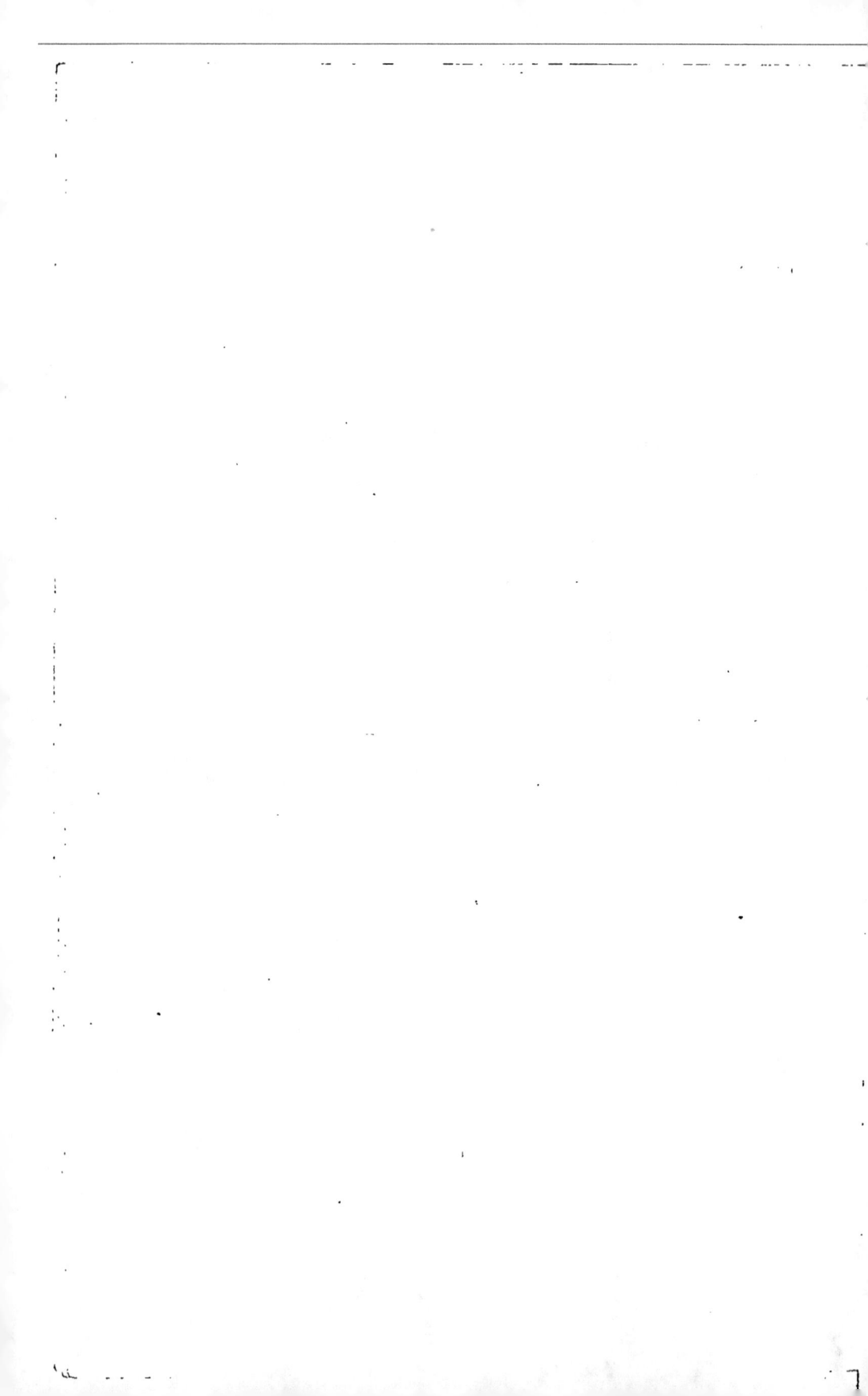

CHASSE

AU CHIEN D'ARRET.

OISEAUX DE PLAINE ET DE BOIS.

PERDRIX. — CAILLES. — FAISANS. — TÉTRAS.

Les perdrix forment une famille des plus intéressantes
de l'ordre des gallinacés. Elles ont une physionomie toute
particulière, que leur donnent leur corps arrondi, trapu,
leur queue courte et leurs allures.

Les espèces qu'on trouve en France sont : la *perdrix
grise*, la *perdrix rouge* et la *bartavelle*. La perdrix grise
est plus répandue que la perdrix rouge, qu'on ne rencontre
que dans certaines contrées ; la bartavelle, beaucoup plus
rare, ne quitte pas les pays de montagnes, et ne se trouve
en France que dans les environs des Alpes et des Pyrénées.

On rencontre encore quelquefois en France une autre
espèce et trois variétés des premières : la perdrix *gambra*
ou *de roche* ; la perdrix *roquette* ou *de passage* ; la perdrix
de montagne, qui n'est qu'une variété de couleur de la
perdrix grise, et la perdrix *rochassière*. Cette dernière dif-

fère assez peu de la bartavelle et de la perdrix rouge pour être généralement considérée comme une simple variété de l'une ou de l'autre, ou même comme un métis de ces deux espèces.

La plus grosse de ces perdrix est la bartavelle; viennent ensuite la rochassière, la perdrix rouge et la gambra; la perdrix grise est un peu plus petite, et la roquette est d'un sixième moins grosse que la grise. Tous ces oiseaux sont recherchés comme un excellent gibier, mais la perdrix grise est généralement préférée par les gourmets. Il n'en est pas toujours de même du chasseur, qui aime la variété, et négligerait l'espèce qu'il a souvent l'occasion de tirer pour donne la préférence à celle qu'il rencontre rarement.

Un ergot rudimentaire, ou plutôt un tubercule calleux, se trouve sur les tarses des mâles des perdrix rouges, bartavelles, rochassières et gambras, tandis que les perdrix grises, les roquettes et les perdrix de montagne ne présentent de traces de tubercule calleux ni chez le mâle ni chez la femelle.

Après avoir parlé des perdrix en général, chacune des espèces sera l'objet d'une description particulière. Nous éviterons ainsi des répétitions en rassemblant dans un seul article tout ce qui dans, l'histoire de ces oiseaux, peut être applicable à tous.

Les perdrix vivent en familles ou compagnies plus ou moins nombreuses pendant la plus grande partie de l'année, et ces familles ne se désunissent que pour former des couples, qui fourniront bientôt après autant de compagnies. On désigne sous le nom de *pariade* la réunion d'un coq et d'une poule, et cette réunion a lieu à peu près du 15 février au 15 mars, un peu plus tôt ou un peu plus tard, suivant la température très variable de cette saison et la latitude de la localité. Les poules deviennent alors le sujet de discordes, de querelles, de combats à outrance. La possession d'une poule est le prix du vainqueur, qui abandonne ses frères pour se fixer loin d'eux avec sa compagne. Mais son bonheur est souvent troublé par ceux qui n'ont pu trouver une femelle. L'excès de son amour et de sa jalousie augmente sa force et son courage ; il éloignera, il est vrai, la plupart de ses rivaux, mais sans jamais les lasser, et chaque jour sera signalé par de nouveaux combats. La fatigue ou une blessure pourront faire tourner les chances et laisser un instant le champ libre à l'heureux agresseur qui se hâtera d'en profiter ; demain, peut-être, il sera remplacé lui-même par celui qu'il vient d'éconduire ou par un nouveau prétendant.

Ces luttes incessantes sous les yeux et même sur le nid de celle qui en est la cause, et qui, trop facilement infidèle, ne sait pas refuser ses faveurs au plus fort ; ces luttes, dis-je, nuisent parfois à la réussite de la couvée, et beaucoup d'œufs ne sont pas fécondés : aussi convient-il, dans une chasse bien administrée, de détruire les mâles, toujours trop nombreux. Jamais une poule ne restera abandonnée ; les coqs du voisinage répondront de suite à son premier appel.

Les coqs qui n'ont point trouvé de femelles et les couples dont les pontes n'ont pu réussir se joignent, dans le courant de juillet, à une compagnie, et comme la saison des jalousies est passée, ils sont reçus sans difficulté et font partie de la famille. Quelquefois, ils forment une société à part : aussi trouve-t-on parfois des compagnies de vieilles perdrix beaucoup plus sauvages que celles composées de jeunes de l'année.

Buffon, en parlant de la bartavelle, dit, d'après Aristote et le témoignage des observateurs modernes, dont il confirme l'opinion, 1° que les couvées de ces perdrix, de même que celles des espèces rouges, ne sont pas toujours nombreuses, parce que les femelles sont quelquefois si pressées de pondre, qu'elles déposent çà et là des œufs qu'elles perdent loin du lieu où elles ont établi leur nid. Il ajoute qu'elles ont soin de cacher ce nid pour le garantir de la pétulance du mâle, qui songe plus à ses plaisirs qu'à l'incubation ; 2° que les mâles se cochent les uns les autres et qu'ils cochent même les petits. Cet excès de nature ne doit pas surprendre, car ces oiseaux, si sauvages et si prudents, sont tellement lascifs, que le cri d'une femelle les agite jusqu'à l'enivrement et jusqu'à l'audace et l'oubli du danger. Ce besoin impérieux est augmenté encore par l'ardeur du soleil, dans un climat aussi chaud que celui de la Grèce, et lorsque les mâles ont été privés longtemps de femelles, comme cela arrive pendant l'incubation. D'après ces faits, ajoute encore Buffon, il est aisé de concevoir que, quelque passion qu'ait la perdrix pour couver, elle en a quelquefois encore plus pour l'amour, et que, dans certaines circonstances, elle préfère le plaisir de se joindre à son mâle au devoir de faire éclore ses petits. Il peut même arriver qu'elle quitte la couvée par amour pour la couvée même ; ce sera lorsque, voyant son mâle attentif à la voix d'une autre perdrix qui rappelle, et prêt à l'aller trouver, elle vient s'offrir à ses désirs, pour prévenir une inconstance qui serait nuisible à sa famille, et tâche de le rendre fidèle en le rendant heureux.

L'incubation dure de dix-huit à vingt jours, pendant lesquels le mâle, toujours jaloux, ne s'éloigne pas du nid, quoiqu'il ne couve jamais, et suit pas à pas sa femelle lorsqu'elle quitte pendant un instant ses œufs pour prendre quelque nourriture ; mais il prend soin des petits, les reçoit sous ses ailes pour les protéger contre le froid, et partage avec la femelle tous les soins que réclame la jeune famille.

Dès que les petits sont éclos, ils obéissent instinctivement aux diverses inflexions de la voix de leurs parents, courent sous leur conduite à la recherche de leur nourriture, qui consiste, dans les premiers jours, en œufs de fourmis, petits vers et larves d'insectes. Mais c'est surtout tant que les petits perdreaux ne peuvent voler qu'ils sont de la part du père et de la mère l'objet des soins les plus tendres et les plus dévoués. Ne pouvant, à cet âge, se soustraire à leurs nombreux ennemis que par une marche difficile au milieu de mille obstacles que leur faiblesse ne saurait surmonter longtemps, le coq et la poule emploient la ruse la plus ingénieuse pour sauver leurs petits. En effet, sont-ils attaqués, même lorsque déjà ils peuvent voler, le père et la mère les abandonnent sous le premier abri qu'ils rencontrent et cherchent à attirer sur eux seuls l'attention qu'ils veulent détourner de leurs petits ; ils se mettent en vue, s'éloignent lentement en traînant l'aile ou la patte, comme pour donner l'espoir d'une proie facile, proportionnent la lenteur de leur fuite à la violence de la poursuite, et ne se dérobent réellement par un vol rapide que lorsqu'ils ont éloigné le danger. Ils partent alors dans des directions opposées, font un grand détour et reviennent furtivement vers le lieu où ils ont laissé leurs petits blottis et instinctivement immobiles sous une touffe ou dans une verdure épaisse que ceux-ci ne quittent que lorsqu'un petit cri de rappel leur apprend le retour de leurs parents.

Les perdreaux ne commencent guère à voler que vers la fin de juin, mais quelquefois plus tôt, quand l'année a été sèche et chaude ; de là le proverbe des chasseurs : *A la Saint Jean, perdreaux volants.* Ce qui ne veut pas dire qu'ils soient assez forts pour être tirés ; en effet, ce n'est que deux mois après, vers la fin d'août, qu'ils

1.

sont *maillés*, c'est-à-dire qu'ils ont subi la première mue, et que les plumes de la poitrine, de blanchâtres qu'elles étaient sont grises et couvertes de petites taches noires en zigzag et formant une sorte de réseau très-fin. Peu de temps après, le rouge de l'œil commence à paraître, et successivement les plumes brunes qui formeront sur le ventre la plaque en fer à cheval. Bientôt alors, et dès les premiers jours d'octobre, les jeunes de l'année sont aussi gros que les vieux, ce qui fait dire : *A la Saint-Remy, tous perdreaux sont perdrix*. On distingue cependant encore les jeunes à la couleur jaune de leurs pattes et à la forme aiguë de la première plume de l'aile.

Si toutes les années ne sont pas également abondantes en perdreaux, cela dépend beaucoup de la température pendant le temps de la ponte et jusqu'au tiers du développement des petits. En général, lorsque la saison a été sèche, il y a abondance de perdreaux ; mais quand, au contraire, les pluies ont été fortes et continues, la perdrix, et surtout la grise, faisant de préférence son nid dans les lieux bas, ses œufs se trouvent souvent mouillés, refroidis et même entraînés par les eaux, ce qui ne serait pas arrivé si les pluies avaient commencé avant la ponte. En effet, dans ce cas, trouvant les plaines et les lieux bas trop humides, la mère aurait fait son nid dans un lieu plus élevé et sec. Enfin, si la pluie surprend les petits pendant les quelques jours qui suivent leur naissance, ils périssent en grand nombre ou souffrent assez pour que leur développement soit bien retardé. Une saison trop sèche leur ménage aussi d'autres dangers : la terre se fend, et les petits ne peuvent pas toujours se tirer des crevasses dans lesquelles ils tombent souvent ; la terre trop dure résiste à leurs pattes et à leurs coups de bec ; les petits vers, qui, avec les œufs de fourmis et les petites limaces, sont presque exclusivement leur nourriture, ne sortent pas, et les jeunes perdreaux, réduits à becqueter la verdure, languissent, deviennent *foireux* et meurent promptement. Ce n'était point assez de ces dangers contre lesquels les soins et la vigilance des gardes sont impuissants; la couvée ayant parfaitement réussi sera fort heureuse si elle n'est que décimée par les oiseaux de proie, les pies, les belettes et les faucheurs; mais il y a les chercheurs d'œufs qui sont bien plus à redouter.

En effet, à cette époque, il se fait un grand commerce d'œufs de perdrix et de faisans: les chasseurs veulent repeupler leurs terres en faisant couver ces œufs par des poules; mais cela donne souvent lieu à des déceptions, et il serait à désirer que ce commerce ne fût pas encouragé par les chasseurs; c'est un braconnage qui entraîne la perte d'un grand nombre de perdreaux, par suite de la difficulté de les élever, et qui nuit cent fois plus au chasseur qu'on a dépouillé, qu'il ne profite à celui qui se rend le complice des braconniers et devient aussi souvent leur victime. On ne soigne pas toujours assez le transport des œufs, qui ne doivent pas être ballotés si-l'on veut qu'ils réussissent. Souvent aussi ces œufs, dénichés dans la campagne, ont déjà été couvés pendant quelques jours, et par conséquent refroidis lorsqu'on les met sous la nouvelle couveuse. On vend aussi comme bons des œufs obtenus de perdrix conservées en volière. Un de mes amis, locataire d'une chasse fort giboyeuse, mais désireux de multiplier ses plaisirs et ceux de ses invités, donna l'ordre à son garde d'avoir à se procurer un certain nombre de poules couveuses, et commanda à un oiselier de Paris cinq cents œufs de perdrix, pour être rendus chez son garde dans un temps qui fut fixé à quelques jours. L'oiselier vend les œufs, mais il ne les cherche pas; il donne cette mission à des braconniers de profession ; et c'est ce qui arriva cette fois. Trois cents œufs seulement purent être fournis ; mais le braconnier qui en fut chargé ne trouva rien de mieux que d'exercer son industrie sur place. Il partit donc pour la terre qu'il devait peupler et commença par la dépeupler. En effet, on sut, mais trop tard, que les trois cents œufs avaient été pris dans la chasse même et dans les environs. Mon ami en fut donc pour ses frais et ses perdreaux, et de plus, beaucoup d'œufs ne réussirent pas. Il est probable qu'on pourrait enregistrer plus d'un fait du même genre.

Les perdrix se trouvent en grand nombre dans certaines localités où les compagnies s'élèvent sans avoir à supporter d'autres pertes que celles exigées par la nature, car l'oiseau de proie et les bêtes fauves ne les déciment que dans des proportions prévues. Le plus grand danger qu'elles aient à courir à leur état d'œuf et pendant leur jeune âge, résulte de la culture des prairies artificielles. En effet, les luzernes et les trèfles, par leur développement hâtif, fournissent à ces oiseaux un abri séduisant pour le dépôt de leurs œufs, que le faucheur indifférent ou quelquefois même malveillant détruit ou laisse à découvert ; souvent même il arrive que la mère est fauchée sur ses œufs.

Quand la couvée seule est perdue, la pariade ne se désunit pas et cherche un lieu plus sûr pour établir un nouveau nid ; mais cette seconde ponte, désignée sous le nom de *recoquée*, est toujours moins nombreuse, et les petits perdreaux qu'elle produit n'ont pas le temps de se développer pour l'époque de l'ouverture de la chasse ; ils sont presque tous détruits par les moissonneurs, les chats de maraude, et ceux qui échappent deviennent la proie facile des chiens et des chasseurs *pouillards* ; car ce nom est aussi applicable au jeune perdreau sans défense qu'au

chassereau qui se trouve heureux de le faire prendre par
son chien, ou de le faire mourir de peur à son coup de
fusil. Un chasseur ne tire jamais un *pouillard*, ou du
moins, lorsque cela lui arrive, il s'en accuse comme d'une
maladresse en réclamant l'indulgence des témoins, et il
épuise en vain toute la série des circonstances atténuantes.
C'est peine perdue : il a tué un *pouillard;* poliment on
semble l'absoudre, on le juge *in pelto.*

Les perdrix doivent souvent leur salut au bruit qu'elles
font avec leurs ailes en s'élevant brusquement de terre, et
beaucoup de chasseurs restent surpris, le fusil entre les
mains, jusqu'au moment où la rapidité du départ a mis la
compagnie hors de la portée du plomb. Cette surprise est
d'autant plus grande que les perdrix partent de plus près
et dans un couvert épais, et que l'arrêt d'un chien n'indi-
quait pas leur présence. Les chasseurs novices s'habituent
lentement à ce bruit, et souvent les plus habiles ne peuvent se défendre d'un moment d'hésitation, sans grand in-
convénient, il est vrai, pour le coup, qui ne doit être tiré
que lorsque la volée est au moins à vingt-cinq pas.

Le jeune chasseur jette son coup de fusil sur la volée, et
si le hasard le sert quelquefois, il faut le dire, cette chance
est rare parce qu'il tire généralement trop tôt, trop bas et
le plus souvent sans viser, ses deux yeux largement ou-
verts ne lui suffisant pas pour suivre la compagnie qu'il
croit déjà dans son sac. S'il réussit à faire une victime, il
ne ramasse que des plumes couvrant des chairs déchirées
et en lambeaux. Le chasseur exercé, au contraire, se dis-
pose seulement à tirer lorsque déjà son trop ardent voisin
a fait feu ; il ajuste d'abord une perdrix dans la bande, la
suit pour l'abattre à bonne distance, et la tire assez à temps
pour pouvoir doubler son coup et ramasser deux pièces.

Le précepte est bon, dira-t-on, mais l'exécution en est

difficile ; j'en conviens, et l'habitude seule peut donner le calme nécessaire en pareille circonstance. Un tireur habile, mais ambitieux, s'expose souvent aussi au même résultat que le chasseur novice, quand il chasse en ligne : il veut tout tuer, se presse pour tirer avant ses voisins, et oublie qu'il est de règle et de bon goût de ne pas tirer une pièce devant un voisin qui l'a plus à portée et attend qu'elle soit à distance pour faire feu.

Les perdrix rouges et les espèces qui s'en rapprochent le plus, comme les bartavelles et les gambras, ont le vol plus bruyant encore et beaucoup plus long que les perdrix grises, qui se fatiguent promptement lorsqu'elles sont forcées de lutter contre le vent, de franchir un obstacle, et surtout lorsqu'une ligne d'arbres hauts, touffus et serrés, comme ceux qui bordent certaines routes, les oblige à s'élever presque verticalement pour passer au-dessus des branches. Les efforts que cette ascension exige les forcent à s'abattre bientôt après par un vol oblique jusqu'à terre, où elles profitent du premier couvert qui se présente pour se remiser.

Dans les pays accidentés, le vol des perdrix rouges semble suivre toutes les inégalités du terrain, mais toujours en se rapprochant des points les plus bas, où elles se posent sans s'arrêter, et dont elles s'éloignent bientôt en courant à pattes pour gagner les parties plus élevées ; c'est là qu'un chasseur exercé va de suite les relever, en dirigeant son chien de manière à l'amener à bon vent par le travers de la piste.

Les perdrix grises partent en compagnie devant le chasseur ; il semblerait qu'un signal leur fait prendre le vol ; ce n'est que dans les luzernes épaisses et lorsque la compagnie a perdu ses chefs ou n'est pas réunie dans un petit espace que quelques perdreaux n'obéissent pas à l'ordre

de départ et se font tuer les uns après les autres à l'arrêt
du chien. Le vol des perdrix grises est horizontal et direct;
cependant, lorsqu'elles sont gênées par le vent ou bien
poussées aux limites du canton qu'elles habitent, il arrive
quelquefois, qu'avant d'être hors de la portée du fusil,
elles changent subitement de direction, et tournent à
droite ou à gauche, pour regagner au plus vite le lieu de
leur séjour habituel.

Les perdrix rouges au contraire, et cela s'applique à
toutes les espèces à pattes rouges, partent isolément ou
par deux, et leur vol est accidenté ; elles piquent en l'air
ou plongent et suivent les inégalités du terrain, qu'elles
rasent en volant.

Les mâles dans chaque couvée sont toujours plus nombreux que les femelles : aussi doit-on, comme nous l'avons
déjà dit, chercher à détruire beaucoup de mâles, même
pendant la pariade.

Les traités sur la chasse nous apprennent qu'au commencement de la pariade, le coq part toujours le dernier,
tandis que vers la fin, c'est la poule qui part aqrès le coq ;
et cela se comprend facilement. Cette indication est importante si l'on veut détruire les mâles. Il convient d'ajouter
aussi que si l'on veut tirer les mâles avant le départ, on
les distinguera facilement à la hardiesse de leur démarche, à leur tête relevée et toujours aux aguets, tandis que
les poules sont timides, s'effacent à terre en se rasant et
ont presque toujours la tête basse.

On détruit ces mâles en trop, soit au fusil, soit au filet.
Dans ce dernier cas, il est toujours aisé d'épargner les
poules qui se laissent prendre comme les coqs. Dans le
premier, on emploie une *chanterelle*, c'est-à-dire une femelle apprivoisée et habituée à la cage, ou une vieille
femelle nouvellement prise. Cette chasse réussit toujours,

si l'on a le soin de se bien cacher à demi-portée. La cage de chasse d'une chanterelle doit être très-portative. On emploie avec succès un chapeau de feutre cloué par ses bords sur une planchette ayant une porte assez large pour introduire la perdrix ; la planchette est fixée au centre sur un piquet qui s'enfonce dans le sol et retient la cage. Au milieu de la calotte, on perce un trou par lequel la chanterelle passe la tête pour chanter. Cette chasse se fait après le coucher et avant le lever du soleil, et dès que la femelle chante, un ou plusieurs mâles accourent et s'avancent jusque sur elle. On peut aussi entourer la cage d'un hallier où les mâles viennent s'empêtrer : ce dernier moyen permet de prendre plusieurs mâles dans le même moment.

On le voit, les moyens de destruction des perdrix l'emporteraient sur les moyens de conservation, si la difficulté d'approcher ces animaux à l'arrière-saison, lorsqu'il n'y a plus de couverts, ne rétablissait l'équilibre. Dès le mois d'octobre, en effet, les perdrix sont beaucoup plus sauvages, on ne les peut guère tirer qu'en battue, et la rapidité de leur vol en sauve un assez grand nombre pour assurer la reproduction.

Les perdrix grises recherchent les pays plats, et ceux où l'on cultive le blé et l'avoine; les perdrix rouges préfèrent les montagnes, les lieux accidentés où elles trouvent de la vigne et de jeunes taillis; tandis qu'on ne rencontre de bartavelles que sur les grandes montagnes, au milieu des rochers arides, qu'elles ne quittent guère que pendant l'hiver, et qu'elles se hâtent de revoir dès que leurs petits sont en état de les suivre. Il en est de même de la rochassière et de la gambra. La roquette ou perdrix de passage se rapproche plus des habitudes de la perdrix grise, dont elle se distingue surtout pour les longs voyages qu'elle entreprend par bandes nombreuses.

Il est à remarquer que toutes les perdrix, sauf la roquette, ne quittent guère le canton où elles ont été élevées,
ou ne s'en éloignent qu'accidentellement.

« La marche et la course, dit M. Gerbe, sont les
moyens que les perdrix mettent ordinairement en usage
pour se transporter d'un point à un autre. Elles n'emploient
le vol que lorsque la nécessité l'exige, ou lorsqu'elles sont
éloignées de celles qui rappellent. Leur allure, grave comme
celle de tous les gallinacés, lorsque rien ne les inquiète,
devient légère et gracieuse lorsqu'elles sont forcées de précipiter le pas. Tantôt elles relèvent la tête avec fierté,
tantôt elles l'abaissent de manière à la mettre, avec le
corps, dans un plan tout à fait horizontal; d'autres fois
leur marche est pour ainsi dire rampante. C'est surtout
lorsqu'elles sont chassées qu'elles agissent de la sorte.
Alors on les voit dans les sentiers battus, qu'elles parcourent de préférence, dans les terres labourées, dont elles
suivent les sillons, dans les champs de chaume, piétiner
avec une vélocité extraordinaire. Elles courent en rasant
la terre, s'arrêtent pour épier tous les mouvements de
l'objet qui cause leur effroi, puis courent encore, et ne se
décident enfin à prendre leur essor qu'alors que le danger
est imminent. Mais si les perdrix croient devoir éviter par
la fuite l'approche de l'homme, leur instinct semble, au
contraire, leur commander, lorsqu'elles aperçoivent un
oiseau de proie, de se mettre en évidence le moins possible. Elles se condamnent alors à une inaction complète,
se blottissent sous une touffe d'herbe, contre une pierre,
dans une broussaille, ne reprennent confiance et ne se
montrent qu'après que l'oiseau de proie, qu'elles suivent
continuellement de l'œil, s'est éloigné d'elles. Il arrive
trop souvent que celui-ci fond sur celles qui ne se sont
point assez tôt dérobées à sa vue. »

2

La perdrix grise et la perdrix rouge peuvent se chasser en ligne ; mais la bartavelle, n'habitant que les montagnes et les rochers, ne se prête pas facilement à cette manière de chasser ; alors les tireurs doivent se diviser pour se placer à distance et se renvoyer le gibier.

« Lorsque huit ou dix personnes chassent ensemble dans un pays abondant en gibier, il n'est pas d'usage, après avoir fait partir une compagnie, d'aller aussitôt la relever à sa remise, parce qu'il est probable qu'on en fera lever d'autres avant d'y être arrivé. Mais dans les contrées peu giboyeuses, et quand on chasse seul ou deux ensemble dans un terrain peu couvert, il est essentiel de bien observer la remise des perdrix et d'y marcher à l'instant, parce que ne battant pas en même temps une aussi grande étendue, il est nécessaire d'aller où l'on sait rencontrer du gibier : on a alors l'avantage de séparer la compagnie et de pouvoir tuer une à une toutes les perdrix qui la composent. » (*Traité des chasses.*)

On parvient à séparer complétement une compagnie, si tout d'abord on peut tuer le coq et la poule. Alors les perdreaux sans guide se divisent, et le chasseur les tue plus facilement les uns après les autres.

Les perdrix, surtout au commencement de la chasse, vont se remettre à deux ou trois cents pas. Il est donc important d'avoir un chien bien dressé ; car s'il poursuivait la compagnie, il l'effraierait, la forcerait à s'éloigner davantage, et elle ne se laisserait plus approcher aussi facilement.

A mesure que la saison s'avance, les perdrix partent de plus loin ; c'est alors qu'il ne faut pas se lasser de poursuivre celles que l'on a fait lever, afin de parvenir à les fatiguer ou à les séparer ; malgré tout, il est souvent difficile de les atteindre. Aussi, dès la fin d'octobre, cette chasse devient plus pénible ; il faut alors surtout bien remarquer les remises pour s'y diriger aussitôt, et ne pas craindre de faire beaucoup de chemin, particulièrement lorsque l'on chasse dans une plaine découverte.

Pendant la neige les perdrix se réunissent en compagnie très-serrée ; on peut alors les apercevoir de fort loin ; elles se contractent en boules, et l'œil exercé les reconnaît promptement ; il est alors facile de les approcher, de les surprendre et d'en tuer plusieurs d'un coup de fusil.

On peut les attirer à portée d'une embuscade, en balayant un petit espace sur lequel on répandra du fumier et quelque menu grain. Je connais un chasseur qui a tué, en employant ce moyen, seize perdrix dans une journée d'hiver, entre dix et trois heures.

Dans les traités de chasse, on conseille à ceux qui ne veulent pas se donner la peine de battre toute une plaine, d'aller le soir reçonnaître au rappel les lieux où les perdrix se rassemblent et passent la nuit, pour les rencontrer plus sûrement le lendemain. Ce moyen peut être bon, mais il ne réussit pas toujours, attendu qu'une compagnie dont on aura reconnu la place pourra très-souvent être dérangée dès le point du jour par un oiseau de proie, un chien, un attelage de culture, etc., etc. Il vaut mieux faire comme les vrais chasseurs, chercher le gibier.

PERDRIX GRISE.

(*Perdix cinerea*. Brisson. Pl. I et II.)

La perdrix grise a la face, le front, la bande surcilière et la gorge d'un roux clair. Le cou, la poitrine, le ventre et les flancs sont d'un gris cendré, et comme jaspés en zigzags noirs, formés par des lignes de points très-petits sur le cou et le haut de la poitrine, et s'élargissant un peu sur le bas de la poitrine et les flancs. Une large plaque en forme de fer à cheval et de couleur noisette, encadrée de blanc sale, couvre le premier tiers de l'étendue du ventre. Les plumes des flancs sont grandes, larges et couvertes de taches marron clair, formant des bandes irrégulières coupées d'une petite ligne blanche sur la baguette de chaque plume.

Les parties supérieures sont d'un brun cendré présentant des lignes en zigzag brunes et fauves, et des lignes longitudinales d'un blanc jaunâtre sur les baguettes des scapulaires.

La queue est d'un beau marron clair et recouverte par des plumes d'une couleur plus vive que celles du dos, et présentant des bandes d'un ton plus chaud.

Les ailes sont d'un brun cendré et tachetées, dans presque toute leur longueur, de plaques fauve clair, laissant entre elles un espace d'un centimètre environ.

Les perdrix grises ont derrière l'œil une petite plaque papilleuse rouge et nue, plus vive chez le mâle que chez la femelle.

Le chant de la perdrix est assez connu ; c'est un cri aigre qu'elle fait entendre, surtout le matin et le soir. Le cri du mâle diffère peu de celui de la femelle; il est seulement un peu plus fort et plus traîné.

Le bec est gris foncé olivâtre, l'iris est brun ; les pattes sont grises, sans tubercule au tarse.

Les femelles ont les plumes de la tête avec des taches plus claires, et la plaque en fer à cheval de l'abdomen est beaucoup moins apparente, ou elle est d'un gris blanchâtre. Les plumes des parties supérieures sont généralement plus foncées.

Les jeunes de l'année ont les pattes jaunes ou d'un.

jaune verdâtre, et la première plume de l'aile se termine en pointe, tandis que chez les vieux sujets son extrémité est arrondie.

Cette espèce présente quelques variétés : on en trouve de blanches jaspées de gris ; quelques unes présentent des plaques plus ou moins larges de plumes blanches sur le dos, le croupion ou les flancs ; d'autres ont une teinte générale presque fauve. Une variété d'un roux marron assez foncé, avec quelques taches de même couleur sur la poitrine, a été désignée par Latham sous le nom de perdrix de montagne (*perdix montana*), et a été considérée comme espèce par quelques auteurs. (Pl. II.)

M. Temminck pense que la perdrix de montagne est un métis de la perdrix rouge et de la perdrix grise; cependant on la trouve dans des localités où jamais on ne voit de perdrix rouges , et des individus provenant de divers points de la France présentent tous la même coloration.

Enfin, sous le nom de roquette ou *perdrix de passage* (*perdix damascena*, Latham), *petite perdrix* de Buffon, on désigne un oiseau exactement semblable à la perdrix grise, mais plus petit et essentiellement voyageur. En effet, les perdrix de passage sont très-farouches et peu abordables; leur vol est plus élevé et plus long, et elles sont beaucoup plus petites que les perdrix grises ordinaires, auxquelles elles ne se réunissent jamais. Elles volent par bandes souvent très-nombreuses, et leur séjour dans une plaine est de très-courte durée, quelle que soit l'abondance de la nourriture.

La perdrix de passage diffère encore de la perdrix grise par un peu plus de longueur du bec et par la couleur jaune des pattes, même chez les individus de l'année précédente.

M. Temminck considère la perdrix de passage comme

2.

une simple variété de la grise, et attribue sa taille plus petite à une nourriture moins abondante et à la fatigue de ses migrations continuelles. D'autres auteurs en font une espèce ou une race distincte, et peut-être ont-ils raison ; en effet, ce besoin de voyager sans cesse constitue un caractère bien plus important qu'une différence de taille, et doit fixer l'attention du naturaliste ; ajoutons à cela que la perdrix de passage est commune dans quelques localités, et en Artois particulièrement, où elle niche sur les points les plus élevés. La ponte n'est, dit-on, que de douze à quatorze œufs moins gros, mais plus allongés que ceux de la perdrix grise.

La perdrix grise ne perche pas ; cependant, fatiguée, il arrive quelquefois qu'elle tombe plutôt qu'elle ne s'arrète volontairement sur un tronc d'arbre, sur un toit de chaume, et y reste tout le temps nécessaire pour reprendre ses forces. Elle ne se terre pas quand elle est blessée, comme le font assez fréquemment les perdrix rouges ; mais, démontée, et dans l'impossibité de fuir, elle cherche à se cacher dans une touffe, dans un fossé, sous des racines, un tas de bois, une meule, etc., etc.

La perdrix grise est très-sédentaire et s'éloigne peu des lieux où elle est née. Elle se trouve dans presque toutes les contrées de l'Europe ; on la rencontre même en Asie et dans le nord de l'Afrique. Elle est plus ou moins commune dans toute la France ; mais elle est rare surtout dans les provinces méridionales où la perdrix rouge abonde.

La ponte est de quinze à vingt œufs que la mère dépose dans une légère excavation de terrain , négligemment recouverte de quelques brins de paille ou d'herbe, au milieu des blés, dans les prairies artificielles, les prés , etc. Les œufs sont d'un gris jaunâtre sans taches.

Les pays à blé sont ceux qu'elle préfère, et elle ne fré-

quente les taillis que comme lieu de refuge pour se mettre
à l'abri de la poursuite du chasseur et de l'oiseau de proie,
ou comme une retraite plus fraîche pendant les heures les
plus chaudes du jour. Elle se retire aussi après la moisson
dans les vignes, qui lui offrent les mêmes avantages que le
bois et de plus une nourriture dont elle est assez friande.

La perdrix grise peut être élevée en cage et apprivoisée.
Dans ce cas elle pond, mais ne couve que bien rarement.
Il est très-facile de faire couver ses œufs par une poule
de petite race qui les amène à bien et élève parfaitement
les petits perdreaux si l'on a soin de leur donner une nourriture convenable, appropriée à leur âge, et, surtout dans
les premiers jours, des œufs de fourmis, des vers de farine
ou des asticots. Les petits perdreaux ainsi élevés reviennent à la voix de celui qui leur a distribué leur nourriture
journalière et ne s'éloignent guère de l'habitation où l'on
a abrité leur jeune âge. Cependant, dès les premiers
froids, ils obéissent à leur naturel, cessent leurs visites et
deviennent aussi sauvages que ceux de la plaine.

Le moyen d'élever des perdreaux ne réussit bien que
pour de petits nombres, à moins d'avoir à sa disposition
des parquets bien appropriés et un éleveur soigneux. Pour
augmenter les chances de reproduction pour l'année suivante, on peut garder aussi en volière les jeunes femelles
qu'on se procure par divers moyens à la fin de la saison,
afin de les lâcher au mois de mars ; mais il faut des soins
et des précautions pour les empêcher de se tuer, et il est
important que la volière soit assez grande pour que les
perdrix, surtout celles qu'on a prises en plaine, ne s'aperçoivent pas trop de leur captivité.

J'ai eu dans ma volière deux perdrix, un coq et une
poule, tellement apprivoisées qu'on les promenait chaque
jour dans le jardin, où elles suivaient ma femme ou moi en

courant dans nos jambes sans jamais chercher à prendre vol; cependant, il ne leur manquait pas une plume. La femelle nous donna douze œufs qu'elle avait eu le soin de cacher dans un nid de mousse qu'elle recouvrait avant de s'éloigner. Le mâle, très-empressé auprès de sa poule, était pendant tout le temps de la ponte d'une jalousie extrême et venait mordre nos chaussures lorsque nous entrions dans la volière, donnait tous les signes d'une grande sollicitude pour sa compagne, continuait à nous menacer même après notre sortie, et ne se calmait que lorsqu'il nous voyait loin.

En résumé,

Pour assurer la multiplication des perdreaux dans une chasse, il faut, comme nous ne saurions trop le dire, détruire à la fin de la saison, les mâles, dont le nombre dépasse toujours de beaucoup celui des femelles;

Lâcher en février quelques femelles élevées en volière;

Faire une guerre incessante aux oiseaux de proie, aux pies, aux geais, aux fouines, putois, belettes et aux chats qui se promènent en plaine.

Il est reconnu que les chats auxquels on a coupé les oreilles ne sont plus dangereux, parce qu'ils ne peuvent plus pénétrer dans les blés, les luzernes, les prés et les couverts. La sensibilité de la partie découverte les dégoûte des promenades dans les champs, surtout quand il y a de la rosée.

PERDRIX ROUGE.

(*Perdix rubra*. Brisson.)

La perdrix rouge a la gorge blanche encadrée par un collier noir qui, partant des yeux, s'élargit insensiblement sur les côtés et en avant du cou. Au-delà de ce collier on remarque un grand nombre de taches noires, allongées, plus rares à la partie supérieure, plus nombreuses en dessous et largement étalées jusqu'à la poitrine, qui est d'un beau gris légèrement lavé de roussâtre à la frange de chaque plume. Une bande de petites plumes blanches passe au-dessus des yeux et descend jusqu'au dessous des oreilles. Le ventre est d'un beau roux vif, et les plumes des flancs sont grises dans la plus grande partie de leur étendue et terminées par trois bandes transversales, la première blanche, la seconde noire et la troisième marron clair vif. La disposition de ces bandes et les tons chauds qu'elles présentent permettent de dire que les flancs de ce bel oiseau sont comme couverts de riches écailles. (Pl. III.)

Le bec, le tour des yeux, la partie dénudée qui se trouve à leur angle externe et les pattes sont d'un beau rouge vif.

Les parties supérieures de la tête et du corps sont d'un brun grisâtre doré, plus terne et plus foncé sur le dos, les ailes, le croupion et surtout la queue, dont les pennes latérales sont d'un brun clair en dessus et d'un brun fauve en dessous. Les pennes des ailes sont étroites et bordées de jaune en dehors dans leur moitié terminale et plus larges sans bordure dans le reste de leur étendue : aussi semblent-elles comme échancrées vers le milieu de leur bord externe.

La femelle se distingue du mâle par l'absence de tubercule au tarse, elle est aussi moins forte et moins vivement colorée.

La jeune se reconnaît à la forme anguleuse de la première plume de l'aile et à une petite tache ou point blanc qu'on remarque à l'extrémité de cette même plume.

La perdrix rouge, quoique sociable, est d'un naturel plus sauvage que la perdrix grise ; elle recherche les localités accidentées, les bruyères, les vignes, les jeunes taillis dans les terrains sablonneux, et ce n'est qu'accidentellement qu'on la trouve sous la futaie.

Elle vit en société, mais elle se sépare facilement de sa compagnie quand elle est dérangée, et ne revient qu'au rappel du soir, qui est loin d'être aussi empressé que celui des perdrix grises. Quoiqu'en compagnie, les perdrix rouges ne partent pas toutes ensemble, et ne se dirigent pas toutes du même côté. Aussi faut-il battre avec soin les environs du lieu où l'on en a fait lever : après un premier vol et lorsqu'elles ne sont pas fatiguées, elles ne restent pas à la remise et marchent longtemps après s'être posées, mais le plus souvent pour revenir au point de leur départ. Quelquefois elles perchent sur les branches des arbres, et, fatiguées ou blessées, elles n'hésitent pas à entrer dans un terrier de lapin, dans une crevasse de rocher, sous les racines d'un arbre ; elles se cachent sous une touffe d'herbe, dans un fossé, sous une grosse pierre, dans un tas de bois.

Leur vol est pesant et beaucoup plus bruyant que celui de la perdrix grise.

La perdrix rouge établit sa ponte au pied d'un buisson couvert, sous des bruyères, et ses œufs, au nombre de seize ou de dix-huit, sont d'un fauve sale, tacheté de roux et de points cendrés.

Les femelles restent seules chargées des soins de la couvée, car les mâles les abandonnent après la fécondation pour se réunir en compagnies composées de mâles et de vieilles femelles impropres à la reproduction.

La perdrix rouge se trouve maintenant dans plusieurs contrées de la France, mais surtout en Provence, en Bretagne, dans l'Anjou, le Vivarais, le Dauphiné, etc. On la trouve, mais en petit nombre, dans beaucoup de localités, où elle se reproduit, mais où elle se plaît si peu qu'elle est toujours rare quoi qu'on fasse pour la ménager et la laisser multiplier. Cela peut s'expliquer par le peu de succès de la ponte, les difficultés de l'incubation, les accidents que ne peuvent éviter des oiseaux dépaysés et habitués à une existence plus isolée ; des ennemis plus nombreux ou une température plus variable qui décime les couvées; tandis qu'au dire de Buffon, une seule paire transportée dans l'île d'Anaphe (Nanfio, archipel grec) y pullula tellement, que les habitants furent sur le point de leur céder la place. Ce séjour leur est si favorable, qu'encore aujourd'hui l'on est obligé d'y détruire leurs œufs par milliers vers les fêtes de Pâques, pour prévenir le ravage des moissons.

La perdrix rouge est plus commune en Espagne et en Italie.

Elle se nourrit de grains, d'herbes, d'œufs de fourmis, de chenilles, d'insectes, etc. Elle recherche le sarrasin et les raisins.

La perdrix rouge s'éloigne peu du lieu où elle est née, et son instinct, d'après les observations de Leroy, est de plonger dans les précipices lorsqu'on la surprend sur les montagnes, et de revenir au point de départ lorsque le chasseur va à la remise.

La perdrix rouge femelle ne chante pas en cage : aussi ne peut-on s'en servir comme chanterelle; mais les mâles viennent assez facilement à l'appeau.

« Par une suite de leur naturel sauvage, les perdrix rouges, que l'on tâche de multiplier dans les parcs, et que l'on entretient à peu près comme les faisans, sont encore plus difficiles à élever, exigent plus de soins et de précautions pour les accoutumer à la captivité, ou, pour mieux dire, elles ne s'y accoutument jamais, puisque les petits perdreaux rouges qui éclosent dans les faisanderies et qui n'ont jamais connu la liberté, languissent dans cette prison,

qu'on cherche à leur rendre agréable de toutes manières,
et meurent bientôt d'ennui ou d'une maladie qui en est la
suite, si on ne les lâche dans le temps où ils commencent
à avoir la tête garnie de plumes. » (LEROY.)

On trouve quelquefois une charmante variété albine de
cette espèce ; toutes les plumes sont blanches, et celles
des flancs présentent des taches transversales d'un roux
tendre et d'un gris foncé.

PERDRIX BARTAVELLE.

(*Perdix græca*. BRISSON.)

La bartavelle ou perdrix grecque a un large collier noir
qui descend assez bas sur le cou, mais sans taches noires
comme celles qu'on remarque sur la perdrix rouge. Le
front et l'espace entre l'œil et le bec sont noirs, les parties supérieures et la poitrine d'un cendré bleuâtre ; les
joues, la gorge et le devant du cou sont blancs et enca-

drés par le collier ; les flancs sont d'un gris bleuâtre, et
les plumes de ces parties sont traversées vers leur extrémité par deux bandes noires séparées par une bande blan-

châtre et bordées d'une frange assez large et d'un marron clair.

Le bec, le tour des yeux et les pieds sont rouges ; l'iris est brun grisâtre.

La femelle, moins grosse que le mâle, est d'une couleur cendrée moins vive que celle du mâle ; elle a un peu moins de blanc au cou et les bandes noires et brunes des plumes des flancs sont moins larges.

Cette perdrix se trouve, en France, sur les montagnes du Jura, des Alpes et des Pyrénées ; en Suisse, en Italie, en Sicile, en Grèce et en Turquie.

La bartavelle fait sa ponte à terre, dans les lieux déserts, arides et rocailleux, dans la mousse des rochers, sous un buisson, une touffe de bruyère, ou sous les racines découvertes d'un arbre. Elle pond quinze ou vingt œufs d'un blanc fauve ou roussâtre et tachés d'une teinte un peu plus foncée. Cette jolie perdrix se nourrit de graines de diverses espèces et d'insectes ; elle pique les jeunes pousses d'herbes, et pendant l'hiver elle recherche les baies et les bourgeons des arbres verts.

Les bartavelles vivent en troupes ; mais pendant le jour elles se séparent facilement pour se rejoindre au rappel du soir. Leur naturel est très-sauvage et semble se refuser complétement à la domesticité.

Au temps de la pariade, les mâles se disputent les femelles avec plus d'acharnement que ceux des autres espèces.

Pendant les hivers rigoureux, les bartavelles sont souvent forcées de quitter les montagnes pour descendre dans les vallées ; mais elles n'y font pas un long séjour, et elles remontent bientôt vers les rochers, qu'elles préfèrent.

3

PERDRIX ROCHASSIÈRE.

(*Perdix labatei.* Bouteille.)

« Cette jolie espèce, dit M. Bouteille, voisine de la perdrix rouge et de la bartavelle, mesure 0^m,35 de l'extrémité du bec à celle de la queue. Elle a le bec et les pieds rouges, et l'iris est de couleur de brique.

Le plumage est moins roux et plus gris que celui de la perdrix rouge, tandis qu'il est moins gris et plus roux que celui de la bartavelle. Le blanc de la gorge est plus étendu que sur la perdrix rouge, et il ne descend pas aussi bas sur le cou que chez la bartavelle. Le collier noir qui entoure ce blanc est suivi de taches noires moins nombreuses et moins grandes que celles de la perdrix rouge.

Les plumes des flancs portent deux bandes noires comme celles de la bartavelle, mais la supérieure est peu marquée et se trouve quelquefois interrompue dans son milieu.

Lorsque nous ne nous occupions pas encore d'ornithologie, ajoute M. Bouteille, nous regardions, à l'exemple de tous les chasseurs du Dauphiné, la perdrix rochassière comme une espèce distincte ; depuis, nous en rapportant un peu trop à la parole du maître, nous avions changé d'avis, non sans nous attirer toutes les observations des chasseurs. Des investigations nouvelles sur les mœurs et le plumage de ces oiseaux nous ont ramené à notre première opinion. Ainsi que l'indique son nom, cette perdrix se trouve dans les endroits rocailleux, elle y cherche sa nourriture au milieu des débris de rochers, et ce n'est que rarement qu'on la rencontre dans les champs cultivés, encore faut-il qu'ils soient voisins de sa demeure habituelle.

Par sa taille, ses couleurs et leur disposition, la rochassière tient le milieu entre la bartavelle et la perdrix rouge ; je sais qu'on peut inférer de là qu'elle est un hybride de ces deux espèces. Nous répondrons à cette objection que si dans le voisinage des lieux qu'habite la rochassière on trouve quelquefois la perdrix rouge, nous pouvons affirmer qu'on n'y voit jamais la bartavelle. Ce dernier oiseau est plus généralement répandu dans la grande chaîne des Alpes, en Oisans et en Briançonnais, tandis qu'on tue souvent des rochassières dans les environs de Grenoble, à Saint-Nizier, au-dessus de Quet, et même sur le mont Rachet, près de la Bastille. Mais admettons que la rochassière soit un hybride ; ne peut-on dans ce cas regarder comme espèce distincte un oiseau qui depuis longues années a fait scission complète avec les deux tiges dont il sort, sans jamais y rentrer, qui se propage avec des goûts et des habitudes à part ?

On ne connaît rien de la nidification de cet oiseau, et sa nourriture paraît surtout consister en jeunes pousses de plantes alpestres. »

Contrairement à l'opinion de M. Bouteille, nous considérons la perdrix rochassière comme une variété de la perdrix rouge, et au besoin comme un hybride de cette dernière et de la bartavelle ; et nous ferons remarquer, avec M. Degland, que les mâles des rochassières se rapprochent plus des bartavelles, tandis que les femelles ressemblent plus aux perdrix rouges.

Si la rochassière formait une espèce distincte, il ne serait pas impossible de trouver une nichée complète, et les naturalistes du Dauphiné auraient dû s'attacher à la recherche d'un témoignage qui, sans trancher la difficulté, laisserait au moins supposer l'hybridité. Au contraire, on ne connaît rien de la nidification de cet oiseau, qui est rare, dit-on, mais pas plus que la plupart des variétés que présentent les perdrix rouges et les perdrix grises.

Nous ajouterons enfin que, sous le nom de perdrix de bois, on trouve, dans les forêts des environs de Paris, une variété de la perdrix rouge qui présente tous les caractères de la rochassière, et je possède un individu sur lequel ils sont tellement exagérés, qu'en adoptant l'espèce de M. Bouteille, il faudrait peut-être avec plus de raison en proposer encore une autre, sous un nom nouveau.

PERDRIX GAMBRA.

(*Perdix petrosa.* LATHAM.)

Quoique cette espèce ne se montre que très-rarement et toujours accidentellement dans le midi de la France, nous la décrirons, parce qu'on a l'occasion de la tirer en Algérie.

La perdrix gambra, aussi nommée perdrix de roche et perdrix rouge de Barbarie, ressemble beaucoup à la perdrix rouge, mais il est facile de la reconnaître à son large collier roux marqué de taches blanches. La gorge et les joues sont gris cendré. Sur l'aile on remarque huit ou dix plumes larges d'un cendré bleuâtre et bordées de roux. La femelle est un peu moins forte, a le collier plus étroit et les couleurs moins vives.

La gambra se trouve en Espagne, dans les îles de la Méditerranée et en Afrique. Elle pond douze ou quinze œufs à terre, dans les plaines sèches et les lieux accidentés et déserts.

CAILLE.

(*Coturnix dactylisonans*. Temminck.)

La caille fait partie de la même famille que les perdrix ; mais elle diffère essentiellement de ces dernières par sa taille, qui lui a fait donner le nom de perdrix naine, par l'absence d'un espace nu derrière les yeux, par la forme anguleuse des ailes, et surtout par l'habitude qu'a cet oiseau de voyager à époques fixes. De plus, les cailles sont polygames et ne vivent pas en famille. Elles ne se réunissent que pour voyager. (Pl. IV.)

La caille a la tête variée de noir et de roussâtre avec trois raies noires, dont une sur chaque sourcil. Le plumage des parties supérieures du corps est mêlé de brun, de fauve, de cendré et de noir, avec des lignes longitudinales d'un blanc fauve sur les baguettes des plumes. La gorge est brune et présente de chaque côté une bande noire qui se fond insensiblement dans le brun. Les parties inférieures sont d'un roux clair avec des taches brunes et rousses sur les flancs et des lignes blanchâtres sur les baguettes. La queue est très-courte et de couleur brunâtre.

Le bec a la mandibule inférieure noire, tandis que la supérieure est presque de couleur de chair, comme les pattes ; l'iris est brun.

3.

La femelle est un peu plus foncée en dessus ; sa gorge est blanche, et sa poitrine est d'un blanc roussâtre taché de brun.

La caille présente de nombreuses variétés d'âge ; les diverses nuances de son plumage peuvent varier de la teinte plus foncée à la teinte plus claire ; cependant l'albinisme est très-rare.

La forme anguleuse particulière de l'aile de la caille est due au développement de la première penne, qui est la plus longue.

Les cailles se trouvent de passage dans toute l'Europe ; elles arrivent en France en avril et au commencement de mai, et retournent en Afrique vers la fin de septembre. A leur arrivée, elles recherchent la verdure des blés et des prés, ce qui les fait désigner généralement, mais seulement à cette époque, sous le nom de *cailles vertes*, quoiqu'en tout temps elles se retirent dans les couverts : c'est ainsi qu'on les trouve encore en septembre dans les trèfles, les luzernes, les prés, le sarrasin, les avoines, etc. On les rencontre souvent aussi dans les chaumes ; mais elles ne fréquentent pas les bois, ni même les jeunes taillis, quoique pendant la chaleur du jour, elles aiment à s'arrêter dans les lieux frais.

La caille établit son nid à l'abri d'un couvert, mais préférablement dans les blés ; elle le compose de quelques brins d'herbe, et y pond de huit à douze œufs d'un gris verdâtre moucheté de brun.

La femelle, abandonnée par le mâle, qui court à d'autres amours, couve pendant une vingtaine de jours. A peine éclos, les petits suivent leur mère, et il n'est pas rare d'en voir qui courent après elle emportant encore adhérent à leur duvet un fragment de leur coquille.

Les cailleteaux se développent beaucoup plus vite que

les perdreaux, et l'on dit même qu'à trois mois ils sont propres à la reproduction. Les couvées tardives qu'on rencontre en septembre pourraient donc être le produit de jeunes nés dans le courant du mois de mai.

Le chant ou plutôt le cri de la caille mâle est éclatant et s'entend de fort loin ; on l'a traduit par ces mots : *paye ta dette*; celui de la femelle est beaucoup plus faible et ne s'entend qu'à très-petite distance.

Comme les perdrix, les cailles se battent à outrance et en tout temps , lorsqu'elles se rencontrent : aussi , en Grèce et en Italie, on dresse ces oiseaux, et leurs combats sont donnés en spectacle comme ceux des coqs, qui attirent la foule dans d'autres pays.

Les cailles voyagent deux fois par an , au printemps et à l'automne ; et ce qui est bien fait pour étonner, c'est que ces oiseaux n'hésitent pas à traverser la Méditerranée. Leur vol est si bas et si lourd, et elles semblent avoir si peu de confiance dans leurs ailes, qu'elles ne s'en servent qu'à la dernière extrémité et pressées par un chien qui les suit pas à pas. Les chasseurs savent, en effet, qu'il est souvent très-difficile de faire lever une caille. Cependant, ce besoin de voyager est tellement inné, instinctif et indépendant des exigences de l'alimentation, que les cailles élevées en cage et abondamment nourries sont dans une agitation si violente aux époques des passages, qu'elles se tuent dans les volières les plus spacieuses, en cherchant à s'échapper pour obéir au besoin impérieux qui les presse.

Les naturalistes et les chasseurs se sont beaucoup occupés des causes qui pouvaient déterminer les cailles à voyager ainsi, et des difficultés qu'elles devaient rencontrer dans l'exécution de leur passage d'Afrique en Europe et d'Europe en Afrique. Pourquoi les cailles voyagent-elles? Comment peuvent-elles traverser la Méditerranée? Est-ce d'un seul vol que cette périlleuse traversée s'opère? Les quelques îles qu'on trouve au milieu de cette mer étroite leur servent-elles de lieu de repos? De ces questions, une seule, la première, est importante; car du moment où un oiseau pourra se transporter d'un vol, des côtes de la Provence à l'île Mayorque, par exemple, on doit admettre qu'il n'y a pas de raison pour que, partant d'un autre point de la côte méridionale d'Europe, et ne rencontrant pas d'île sur son passage, il n'ait la force d'arriver jusqu'à la côte d'Afrique.

Le fait du voyage est incontestable; s'il se fait en deux étapes pour quelques individus, cela tient à ce qu'ils prennent terre lorsqu'une île se trouve sur leur passage, et ne s'arrêtent que parce que l'occasion leur est offerte. Les cailles voyagent pendant la nuit, en troupes nombreuses, et leur vol est assez élevé au-dessus de la mer. Des marins ont assuré à Buffon que quand les cailles sont surprises pendant leur passage par un changement subit de vent, elles s'abattent sur le pont des vaisseaux qui se trouvent à leur portée, comme Pline l'avait déjà dit, et souvent tombent dans la mer; et qu'alors on les voit flotter et se débattre sur les vagues, une aile en l'air comme pour prendre le vent. Quoi qu'il en soit, il est cependant certain que si les cailles n'hésitent pas à se mettre en route à l'époque du passage pour traverser le continent, elles semblent consulter le vent pour franchir la Méditerranée, et elles s'arrêtent quand il ne doit pas assurer leur voyage au-dessus de la mer et attendent qu'il se montre favorable.

Une autre question se présente : Quelle peut être la durée du voyage? Sept à dix heures, suivant les uns; vingt, suivant les autres, et je crois les premiers plus près de la vérité.

Les chasseurs connaissent la rapidité du vol d'un oiseau

poussé par le vent, et il est attesté que les cailles n'arrivent en Europe que par les vents du sud-est ou sud-ouest et ne quittent ce continent en automne, pour se rendre en Afrique, que par un vent du nord ; contrairement à l'opinion de quelques auteurs, qui avancent que ces oiseaux préfèrent voyager contre le vent. En admettant une vitesse de 20 à 25 lieues à l'heure pour les cailles (la vitesse des pigeons est de 35 à 40 lieues à l'heure), il leur faudrait donc huit ou dix heures pour effectuer le passage. Une observation faite sur les côtes de France, à l'arrivée des cailles, viendrait confirmer la courte durée du voyage : ces oiseaux digèrent très-vite, et l'on trouve dans le jabot de ceux qui arrivent en Provence des graines qu'ils n'ont pu manger qu'en Afrique.

La vérité la moins contestable à ce sujet est que, si nous ne pouvons pas nous rendre un compte exact de la manière de voyager, et de la durée du voyage des cailles, leur instinct leur commandant impérieusement le voyage, les moyens de l'exécuter ne peuvent pas leur manquer ; la conservation de l'espèce en dépend, et l'espèce se conserve toujours.

Cependant, ce gibier est plus ou moins abondant en France, suivant les années ; depuis quelque temps surtout on voit moins de cailles que précédemment. Cette diminution, sensible sans être régulière et progressive, dépendrait-elle des accidents du voyage, ou de la direction du vent qui, poussant ces oiseaux à l'est, ne laisserait arriver en France que ceux qui, passant facilement en Espagne, se dirigeraient sans précipitation et sans danger sur le nord ?

Tous les ans on chasse les cailles au passage sur les côtes de la Provence ; mais l'abondance de ce gibier varie certainement, et il paraîtrait résulter des diverses observations qu'on a pu faire que le passage d'automne est beaucoup moins productif et se fait plus lentement que celui d'arrivée.

Sans parler des fables inventées pour expliquer les migrations des oiseaux, examinons les opinions émises à ce sujet par les auteurs. Nous ne nous occuperons cependant en ce moment que d'une seule espèce, la caille ; beaucoup d'autres oiseaux voyagent périodiquement, mais les causes déterminantes de leurs voyages ne sont sans doute pas les mêmes pour tous, et, en effet, on comprend facilement que les oiseaux qui ne se nourrissent que d'insectes soient forcés de quitter un pays qui ne leur en fournit plus pour se rendre dans les lieux où ils trouveront abondamment les ressources nécessaires à leur existence ; d'autres, chassés par le froid, les glaces, les neiges, la crue des eaux, etc., seront obligés de gagner un climat plus doux et des rives moins tourmentées. Chacune de ces questions sera traitée au sujet des divers oiseaux que le chasseur au chien d'arrêt peut rencontrer en France.

Parmi les causes des migrations périodiques des cailles, on admet :

1° L'impérieuse nécessité de l'alimentation ;

2° La faculté de prévoir le changement de saison ;

3° Le besoin de la reproduction sous un ciel favorable.

Quelques observations sur l'influence que peuvent avoir ces causes réunies ou isolées, nous amèneront à convenir qu'il y a dans l'instinct qui porte les cailles à changer de climat et qui les guide vers le lieu le plus propice un motif inconnu, mais tout-puissant, et qui tient sans aucun doute à une loi générale, la conservation de l'espèce.

1° L'impérieuse nécessité de trouver une alimentation choisie et abondante peut avoir quelque influence sur les individus libres ; mais ceux qui sont conservés en cage, nourris convenablement, auxquels rien ne manque, ni la verdure, ni le grain, éprouvent quand même cette fièvre de départ, ils refusent la nourriture qu'on leur donne, paraissent souffrir beaucoup et meurent d'un véritable spleen.

On pourrait peut-être dire que ces oiseaux ne partent que lorsque les plaines sont dépouillées de récoltes et que, ne fréquentant pas les bois et ayant besoin de s'abriter sous des couverts, ils quittent nos plaines nues pour la verdure que leur offre l'Afrique au mois d'octobre.

2° Les cailles auraient-elles, comme beaucoup d'autres animaux, la faculté de pressentir les variations des saisons et éprouveraient-elles le besoin de chercher un climat plus favorable? Cette supposition serait insuffisante, car un grand nombre d'oiseaux voyagent pendant la belle saison et ne peuvent être uniquement déterminés par l'appréciation du temps, qui ne changera que longtemps après leur passage.

Ne sait-on pas d'ailleurs que les cailles conservées en volière ou en cage, et mises à l'abri du froid, se tourmentent beaucoup, s'agitent sans cesse, au point de se meurtrir et même de se tuer après les grillages qui les retiennent, et font entendre, surtout pendant la nuit, leur chant de départ, tant que le passage des cailles libres s'opère.

3° Jenner attribue, en général, la cause déterminante des migrations des oiseaux aux modifications périodiques que subissent leurs organes sexuels avant, pendant et après la mue, et à la nécessité de chercher un climat plus favorable à la reproduction.

Cette explication d'un fait constant dont les causes générales nous échappent, doit être la meilleure, surtout pour les cailles, qui viennent se reproduire pendant l'été en Europe, et vont sans doute faire une autre couvée en Afrique avant l'hiver ; car, sur les côtes méridionales de notre pays, le passage du printemps est bien plus considérable que celui d'automne ; et il devait en être ainsi ,

puisque de toutes les cailles arrivées en Europe au printemps et de celles nées dans notre pays pendant l'été, il
en est bien peu qui échappent au fusil ou aux piéges. Cependant, au printemps de l'année suivante, elles reviennent en si grand nombre, qu'on est bien fondé à croire
qu'elles font aussi au moins une couvée en Afrique. Mais,
dira-t-on, les petits de l'année ne voyagent pas et ne sont
pas assez forts pour suivre leurs parents. Cela peut être
vrai et ne détruit pas notre opinion ; car, alors, ce sont
ceux de l'année précédente qui, restés en Afrique, y font
une ou plusieurs couvées, partent au printemps suivant
avec les vieilles ; et comme chaque année les mêmes con-
ditions se représentent, l'arrivage sur nos côtes doit toujours être à peu près aussi nombreux, quel que soit le
nombre des individus tués en Europe, attendu qu'en Afrique on ne chasse pas ces oiseaux comme en Europe, et
qu'ils peuvent s'y reproduire à leur aise et y multiplier
sans subir les mêmes pertes.

« La cause qui détermine les cailles à voyager, dit Buffon, ne peut être que très-générale, puisqu'elle agit non-
seulement sur toute l'espèce, mais sur les individus même
séparés pour ainsi dire de leur espèce, et à qui une étroite
captivité ne laisse aucune communication avec leurs semblables. On voit de jeunes cailles élevées dans des cages
presque depuis leur naissance, et qui ne peuvent ni connaître ni regretter la liberté, éprouver régulièrement deux
fois par an une inquiétude et des agitations singulières
dans le temps ordinaire du passage d'avril et de septembre : cette inquiétude dure environ trente jours et recommence tous les jours une heure avant le coucher du soleil.
On voit alors ces cailles prisonnières aller et venir d'un
bout de la cage à l'autre, puis s'élancer contre le filet qui
la couvre, et souvent avec une telle violence, qu'elles re-

tombent tout étourdies ; la nuit se passe presque entièrement dans cette agitation ; et le jour suivant, elles paraissent tristes, abattues, fatiguées et endormies.

» On a remarqué que les cailles à l'état de liberté dor-
ment une grande partie de la journée ; et si l'on ajoute à
tous ces faits qu'il est très-rare de les voir arriver de jour,
on sera, ce me semble, fondé à conclure que c'est pendant
la nuit qu'elles voyagent , et que ce désir de voyager est
inné chez elles, soit qu'elles craignent les températures
excessives, puisqu'elles se rapprochent constamment des
contrées septentrionales au printemps, et des méridionales
en automne ; ou, ce qui semble plus vraisemblable, qu'elles
n'abandonnent successivement les différents pays que pour
passer de ceux où les récoltes sont déjà faites dans ceux
où elles sont encore à faire, et qu'elles ne changent ainsi
de demeure que pour trouver toujours une nourriture
convenable pour elles et pour leur couvée. »

Cependant Buffon semble rapporter aussi la cause des
migrations des cailles à la crise occasionnée par le renou-
vellement de leurs plumes, après la mue. « Il n'est pas
avéré, dit-il, qu'elles recommencent une ponte en Afrique
dans le mois d'octobre, quoique cela paraisse cependant
vraisemblable, puisqu'au moyen de leurs migrations régu-
lières, elles ignorent l'automne et l'hiver ; l'année n'étant
composée pour elles que de deux printemps et deux étés,
comme si elles ne changeaient de climat que pour se trouver perpétuellement dans la saison de l'amour et de la fé-
condité. Ce qu'il y a de sûr, c'est qu'elles quittent leurs
plumes deux fois par an , à la fin de l'hiver et à la fin de
l'été : chaque mue dure un mois ; et lorsque leurs plumes
sont revenues, elles s'en servent aussitôt pour changer de
climat, si elles sont libres ; et si elles sont en cage, c'est
le temps où se marquent ces inquiétudes périodiques, qui
répondent au temps du passage. »

FAISAN COMMUN.

(Phasianus colchicus. LINNÉ.)

Le faisan a des formes plus élancées que la perdrix, sa queue prend un développement remarquable ; il est polygame, et son plumage est brillant et riche.

Cet oiseau, assez répandu aujourd'hui dans quelques forêts de l'Europe et de la France, où il se reproduit en liberté, était très-rare il y a cent ans et ne se trouvait que dans les parcs réservés aux chasses royales, et là même, on était obligé de l'élever dans des faisanderies. « Il s'en faut bien, dit Buffon, que les faisans soient répandus en France ; on n'en trouve que très-rarement dans nos provinces septentrionales, et probablement on n'y en verrait point du tout, si un oiseau de cette distinction ne devait être le principal ornement des chasses de nos rois ; mais ce n'est que par des soins continuels, dirigés avec la plus grande intelligence, qu'on peut les y fixer en leur faisant, pour ainsi dire, un climat artificiel convenable à leur nature ; et cela est si vrai, qu'on ne voit pas qu'ils se soient multipliés dans la Brie, où il en vient toujours quelques-uns échappés des capitaineries voisines et où même ils s'apparient quelquefois ; car il est arrivé à M. Leroy, lieutenant des chasses de Versailles, d'en trouver le nid et les œufs dans les grands bois de cette province. »

Depuis cette époque, le faisan s'est acclimaté dans quelques grandes forêts ; mais ce n'est pas sans soins et sans peines, et si la race se perpétue et se conserve, c'est seulement dans les chasses réservées où l'on peut épargner les poules et un assez bon nombre de coqs pour assurer les couvées de l'année suivante. Dans les localités où ces précautions sont négligées, l'espèce est bientôt détruite.

Le coq-faisan est de la grosseur d'un coq ordinaire de moyenne taille ; mais il paraît plus allongé que ce dernier, parce qu'il n'a pas le port relevé ni la queue en panache.

Il a la tête et le cou d'un vert doré changeant, avec des reflets bleus et violets. De chaque côté de la tête, au-dessus des oreilles, on remarque un pinceau de plumes qu'il relève à volonté et qui semblent former des cornes. Les yeux sont entourés d'une membrane rouge, charnue, papilleuse et comme veloutée ; cette membrane se gonfle et se colore plus vivement pendant la saison des amours. Le dos, le croupion, la poitrine, le ventre et les flancs sont couverts de plumes d'un marron pourpré brillant, avec une frange noire qui semble former des écailles. Les pennes de la queue sont très-longues, surtout les médianes ; elles sont d'un gris olivâtre, marquées de lignes transversales noires et bordées de brun pourpré.

Les ailes ne s'étendent pas au delà de l'origine de la queue ; les pieds sont d'un gris brun et armés d'un ergot plus ou moins long et aigu, suivant l'âge.

La femelle, plus petite que le mâle, a un plumage beaucoup moins brillant ; il est brun fauve teinté de roux et de noir dans certaines parties, et n'offre jamais les reflets dorés de celui qui distingue le mâle ; cependant, quelques vieilles femelles présentent des reflets métalliques et ont un tubercule calleux au tarse. Les femelles vieilles et celles dont le plumage prend en partie les couleurs du mâle sont impropres à la reproduction, par suite de l'atrophie des ovaires ; les jeunes ont à peu près le plumage des femelles jusqu'à la première mue.

Le faisan commun présente des variétés remarquables. Ainsi, on trouve quelquefois des individus panachés (pl. VI et VII), c'est-à-dire présentant des plumes d'une nuance beaucoup plus claire ; des individus à collier blanc (pl. VI), et enfin , mais plus rarement, des individus tout blancs (pl. VI), ou de couleur café-au-lait.

On a dit et répété que la variété à collier blanc était un métis du faisan commun et du faisan à collier de la Chine ; nous pouvons assurer que ce n'est qu'une variété du faisan commun.

Le faisan se nourrit de grains de toute espèce, d'insectes, de limaces, de vers et surtout d'œufs de fourmis, dont il est très-friand. Il mange la jeune verdure, les bourgeons, des baies et même des glands entiers.

La femelle établit son nid à terre dans un buisson fourré, au pied d'un arbre, et pond environ quinze œufs, qu'elle couve pendant vingt et un ou vingt-trois jours. Les petits courent dès leur naissance et suivent leur mère pour chercher leur nourriture. Dès qu'ils ont pris le rouge, ils se séparent et vivent isolés.

Les faisans recherchent, surtout pendant les chaleurs de l'été, les lieux humides, voisins des mares et des ruisseaux, et les jeunes tailles fourrées. Dès le lever du soleil, ils vont à la pâture ; on les trouve quelquefois dans les plaines voisines des forêts, dans les blés, les avoines, les chaumes, mais surtout dans les champs de sarrasin, qu'ils recherchent plus particulièrement. Si dans une plaine bordant un bois où se trouvent des faisans, on rencontre une remise humide, une mare entourée de joncs, d'arbres ou de buissons, on doit s'y arrêter avec soin : ces oiseaux aiment à y venir prendre le frais pendant le jour, et la membrane interdigitale prononcée qu'on remarque à leurs pieds, en les rapprochant des oiseaux aquatiques, semble leur commander le séjour des lieux humides et marécageux.

Naturellement très-sauvages, les faisans adultes évitent les lieux habités et vivent isolés; la rencontre de deux mâles dans la saison des amours est toujours l'occasion d'un combat. Cependant dans les faisanderies on parvient à les habituer à revenir au coup de sifflet de celui qui leur donne à manger ; mais l'appétit satisfait, ils s'éloignent et regagnent les tailles les plus fourrées. Dès le coucher du soleil, ils recherchent les grands chênes, sur lesquels ils se branchent en faisant entendre un cri particulier, et c'est là qu'ils s'établissent pour passer la nuit. Une fois branchés, on les approche facilement, et les braconniers profitent de cette circonstance pour en détruire un grand nombre.

Il suffit, dit Buffon, de nommer le faisan pour se rappeler le lieu de son origine ; c'est l'oiseau du Phase.

Il était confiné dans la Colchide avant l'expédition des Argonautes ; ce sont ces Grecs qui, en remontant le Phase pour arriver à Colchos, virent ces beaux oiseaux sur les bords du fleuve et en rapportèrent dans leur patrie ; de là ils se répandirent dans diverses parties de l'ancien monde.

Les jeunes faisans qu'on élève dans les parcs ou les faisanderies ne réussissent bien qu'autant qu'on leur donne des œufs de fourmis au moins pendant trois mois ; il est important de leur donner souvent à manger et peu à la fois. Quand les œufs de fourmis sont rares, on peut en partie les remplacer par des asticots, des sauterelles, des vers de farine et divers insectes. Il leur faut une nourriture variée : elle consiste ordinairement en mie de pain mêlée à des œufs durs et à des feuilles de laitue et d'ortie hachées. Je crois qu'on pourrait utilement ajouter à ce mélange la poudre de hannetons, qu'on peut facilement conserver d'une année à l'autre dans des vases clos. Pour obtenir cette poudre, il faut réunir un grand nombre de ces insectes, les étouffer et les dessécher à l'aide d'une température convenable dans une marmite fermée par un grillage fin, et les réduire en poussière. Cette poudre conserve des propriétés nutritives suffisantes, et peut au besoin, sinon remplacer les œufs de fourmis, du moins permettre d'en diminuer la quantité à distribuer à chaque repas, dans les moments où il est difficile de s'en procurer.

L'eau qu'on leur donne doit être fraîche, limpide, autant que possible courante, ou au moins souvent renouvelée.

Nous ne donnerons pas d'autres détails sur l'éducation des faisans, parce que plusieurs ouvrages spéciaux ont été publiés sur ce sujet; nous nous bornerons à dire que les œufs obtenus de faisans en captivité ne sont pas tous fécondés, malgré l'ardeur apparente des coqs. La passion dominante chez eux est la jalousie; et l'inquiétude qu'ils éprouvent dans les faisanderies en entendant le cri des coqs renfermés dans les parquets voisins, excite tellement cette passion, qu'ils sont souvent impropres à la reproduction.

« Il faut même, dit Buffon, faire en sorte qu'ils ne puissent ni se voir, ni s'entendre; autrement les mouvements d'inquiétude ou de jalousie que s'inspireraient les uns aux autres ces mâles si peu ardents pour leurs femelles et cependant si ombrageux pour leurs rivaux, ne manqueraient pas d'étouffer ou d'affaiblir des mouvements plus doux et sans lesquels il n'est point de génération. Ainsi, dans quelques animaux, comme dans l'homme, le degré de la jalousie n'est pas toujours proportionné aux besoins de la nature. »

La chasse du faisan au chien d'arrêt est fort agréable en plaine ou dans les jeunes tailles, pendant la belle saison, et elle est très-facile; il n'en est plus de même en forêt, où cet oiseau recherche les fourrés épais et les ronciers ; il coule souvent fort loin devant le chien et sa marche est très-rapide ; il fait des détours, croise plusieurs fois sa piste, sans intention sans doute, mais en cherchant à se dérober, et échappe souvent au chien ou trop lent ou trop ardent. Le chasseur qui suppose son chien à la suite d'un faisan sur pieds, doit le suivre de près et ne pas se lasser ; il en sera à peu près de même s'il suit un faisan démonté, car dans ce cas, l'oiseau, ne comptant plus sur ses ailes, met à profit toute la vigueur de ses pattes. La poule, au contraire, reste bien mieux à l'arrêt, et part fréquemment dans les pieds du chasseur. Il n'est pas rare de voir des chiens courants suivre, pendant quelque temps, la piste d'un coq qui fuit à pattes et ne prend son vol que lorsqu'il arrive à la limite de la bruyère ou du couvert qui l'abritait, et souvent dans ce cas, comme il est fatigué, il cherche à se brancher.

Dans une chasse bien administrée, on ne doit tirer que les coqs, à moins que l'abondance du gibier ne permette de détruire une partie des poules. Pendant l'hiver et dans les temps de neige surtout, il convient d'ajouter un peu à la nourriture que les faisans trouvent en forêt. On balaie quelques places sur les routes fréquentées par ces oiseaux, et l'on y jette du grain de rebut et du marc de raisin, dont il est facile de faire provision au mois d'octobre. Ce soir retient beaucoup de faisans qui, en s'éloignant pour chercher une nourriture que ne leur fournit plus le lieu qu'ils habitent, sont exposés à être tués par les voisins ou à se perdre par les temps de brouillard.

Nous avons parlé de l'émotion qu'éprouve le chasseur au moment du départ d'une compagnie de perdreaux ; cette émotion est bien plus grande encore lorsque s'enlève un coq faisan : au bruit du vol vient s'ajouter le cri rauque de l'oiseau, et dans la précipitation qu'on met à tirer, on ne voit, la plupart du temps, que la queue. Les jeunes chasseurs restent interdits, ils hésitent, surtout si l'on a défendu de tirer les poules, et il leur faut prendre le temps de faire la distinction ; mais lorsque l'émotion est en partie passée, le faisan est déjà loin, car s'il est lourd pour s'enlever, son vol horizontal est rapide et le met bientôt hors de portée.

Il est une dernière question, assez importante pour nous arrêter un instant, parce que tous les chasseurs ne sont pas d'accord sur sa solution : Un faisan est tué; dans combien de jours faut-il le manger ? Elzéar Blaze répond sans se compromettre : « Le faisan doit être mangé le jour qu'on doit le manger ; si les convives y sont, tant mieux pour eux. »

Et il ajoute :

« Quelques personnes le suspendent par les pattes, et lorsque le noble animal laisse tomber une ou deux gouttes de sang par le bec, elles le mangent : alors il est bon pour ceux qui ne l'aiment pas très-avancé. Les autres le suspendent par la queue, et lorsque le faisan tombe, ils le jugent digne de figurer sur leurs tables. D'autres, enfin, prétendent que pour manger un bon faisan, il faut qu'il change de place tout seul... Ces gens-là nous permettront de n'être pas de leur avis. »

On le voit, tous les goûts sont dans la nature; mais il faudrait pouvoir décider ici quel est le bon goût. En général et contrairement à l'usage, un faisan doit être suspendu par le bec dans un courant d'air frais, de façon à faire porter sur la peau du ventre le poids des matières contenues dans les intestins ; et comme ces matières se corrompent plus ou moins promptement, suivant la température, suivant que le gibier a été porté et secoué plus ou moins longtemps dans le sac, suivant qu'il a été exposé au soleil ou mouillé, il faut recommander à la cuisinière de retirer les intestins, sans faire d'ouverture, mais seulement à l'aide d'un petit crochet de bois, dès que la peau du ventre prendra de la couleur. Cette précaution permet au gibier de se mettre au point sans que l'odeur et la corruption des matières intestinales lui donnent un mauvais goût. Il faut aussi ne le plumer qu'au moment de le piquer ou de le cuire; cette dernière condition ne présente d'exception que dans le cas où le faisan doit être truffé.

TÉTRAS OU COQS DE BRUYÈRES.

Les tétras ont le vol très-lourd; ce sont des oiseaux très-sauvages qui ne présentent aux chasseurs qu'un tiré de surprise. Nous ne parlerons pas ici des ruses employées par les braconniers pour se procurer ces oiseaux, notre but n'étant pas de propager leur industrie de destruction aux dépens des vrais plaisirs du chasseur.

On connaît plusieurs espèces de tétras.

TÉTRAS AUERHAHN OU COQ DE BRUYÈRES.

(*Tetrao urogallus.* Linné.)

Le coq de bruyères est bien fait pour attirer l'attention des chasseurs ; c'est un des plus gros oiseaux qu'ils puissent chasser en France, et sa chair est excellente.

Le mâle a les plumes de la tête, du cou, du dos, du croupion et des flancs d'un noir cendré, jaspé de gris blanchâtre; celles de la gorge et du ventre sont noires; celles de la poitrine sont d'un vert foncé à reflets bleus et violets. Les yeux sont gros et entourés d'une peau nue, papilleuse et d'un rouge éclatant. Les couvertures des ailes sont d'un brun châtain jaspé de noir; le dessus des ailes présente de nombreuses plumes blanches. Les pennes des ailes sont noirâtres en dessus avec le bord externe d'un blanc fauve sale; le dessous est gris. La queue est noire, et les plumes qui la composent, sans être très-grandes, peuvent s'étaler en roue ; leur bord présente une petite frange blanche. Le bec est très-fort, brun à sa base et blanchâtre dans le reste de son étendue. Les pattes sont couvertes de plumes jusqu'à la naissance des doigts.

La femelle, plus petite que le mâle, a un plumage beaucoup plus clair et aussi plus agréable et plus varié, ce qui se voit rarement parmi les oiseaux. Les parties supérieures ont les plumes rayées de roux, de noir et de blanc cendré et moucheté, surtout sur le croupion. Les parties inférieures présentent beaucoup moins de noir, et le roux vif domine particulièrement à la partie supérieure de la poitrine. Des bandes transversales noires se font remarquer surtout au cou, à la base de la poitrine et aux flancs. La queue est d'un roux vif, maculé de noir, avec une bande noire à l'extrémité de chaque plume qui se termine par une petite frange d'un fauve blanchâtre.

Le coq de bruyères se trouve dans presque tous les pays de montagnes de l'Europe. En France on le rencontre dans les Vosges, le Jura, les Alpes et les Pyrénées. Il ne quitte pas les forêts d'arbres verts, mais pendant les hivers longs et rigoureux, il descend dans les vallées. Il se nourrit principalement de bourgeons, de baies et d'herbages, mais il mange aussi du grain et des insectes.

A l'époque des amours, c'est-à-dire en mars et avril, les coqs appellent les femelles longtemps avant le jour et jusqu'au lever du soleil. Ils choisissent les pentes exposées au levant et les lieux voisins d'un cours d'eau, et se tiennent sur les basses branches d'un gros arbre, en faisant entendre un cri rauque qui leur a valu le nom de *faisans bruyants*. Dès qu'une femelle approche, le coq semble en délire, il étale ses ailes et sa queue, et paraît lutter contre son ardeur jusqu'à ce qu'il en arrive d'autres.

Ce moment est le plus favorable pour le chasseur, car alors le coq de bruyères se laisse approcher ; mais il faut ne s'avancer que pendant qu'il chante et s'arrêter dès qu'il se tait ; pendant son silence, le moindre mouvement le fait fuir.

« Les tétras, dit Buffon, commencent à entrer en chaleur dans les premiers jours de février ; cette chaleur est dans toute sa force vers les derniers jours de mars, et continue jusqu'à la pousse des feuilles. Chaque coq se tient alors dans un certain canton d'où il ne s'éloigne pas ; on le voit soir et matin se promenant sur le tronc d'un gros pin, la queue étalée en rond, les ailes traînantes, le cou porté en avant, la tête enflée par le redressement des plumes, et prenant toutes sortes de postures extraordinaires, tant il est tourmenté par le besoin de répandre ses molécules organiques superflues. Il a un cri particulier pour appeler ses femelles, qui lui répondent et accourent sous l'arbre où il se tient et d'où il descend bientôt pour les cocher. Ce cri commence par une espèce d'explosion suivie d'une voix aigre et perçante, semblable au bruit d'une faux qu'on aiguise ; cette voix cesse et recommence alternativement ; et, après avoir continué, à plusieurs reprises, pendant une heure environ, elle finit par une explosion semblable à la première.

» Le tétras, qui, dans tout autre temps, est fort difficile à approcher, se laisse surprendre aisément lorsqu'il est en amour, et surtout tandis qu'il fait entendre son cri de rappel ; il est alors si étourdi du bruit qu'il fait lui-même ou tellement enivré, que ni la vue d'un homme, ni même les coups de fusil ne le déterminent à prendre sa volée ; il semble qu'il ne voie ni n'entende et qu'il soit dans une espèce d'extase. C'est pour cela que l'on dit communément et que l'on a même écrit que le tétras est alors sourd et aveugle : cependant il ne l'est guère que comme le sont en pareille circonstance presque tous les animaux et l'homme lui-même. En Allemagne, on donne le nom d'*auerhahn* aux amoureux qui paraissent avoir oublié tout autre soin pour s'occuper uniquement de leur passion, etc. »

La femelle établit son nid à terre, au pied des arbres ou au milieu d'un buisson épais ; elle pond six ou huit œufs blancs, tachetés de jaune. Dès l'éclosion, les petits courent et suivent leur mère à la recherche de leur nourriture ; ils restent avec elle, en compagnie, jusqu'à la seconde mue, alors ils se séparent pour vivre dans l'isolement. Malgré de nombreux essais, dit-on, jamais on n'a pu réduire ces oiseaux à un état de demi-domesticité ; ils languissent et meurent promptement. Peut-être n'a-t-on pas essayé de faire couver des œufs par une poule ou une dinde ; ce moyen n'a pas encore été employé, ou du moins aucun auteur n'en parle.

TÉTRAS BIRKHAN OU COQ DE BOULEAUX.

(*Tetrao tetrix*. Linné.)

Cet oiseau est connu aussi sous d'autres noms : *coq de bruyères à queue fourchue, petit coq sauvage, faisan noir, faisan de montagne*. Le tétras à queue fourchue a tout le plumage noir avec des reflets violets ou verdâtres, à l'exception du ventre, des couvertures des ailes et des pennes de la queue, qui sont d'un noir profond. Une large bande

blanche se remarque sur les ailes, et les couvertures inférieures de la queue sont d'un blanc pur ; une membrane
d'un rouge vif au-dessus des yeux. Le caractère le plus
remarquable de cette espèce se trouve dans la queue, dont
les pennes, externes de chaque côté, sont beaucoup plus
longues que les autres et contournées en dehors. Les tarses
sont couverts de plumes duveteuses brunes et piquetées de
blanc. Le bec est noir, l'iris bleuâtre et les doigts bruns.
Cet oiseau est de la grosseur d'une poule moyenne.

La femelle est moins forte que le mâle et sa queue est
moins fourchue ; le roux domine dans son plumage avec
des raies noires. Les jeunes ont beaucoup de plumes rousses
ou brunes mêlées aux noires.

Cet oiseau présente, dit-on, des variétés uniformément
blanchâtres ou tapirées de roux et de blanc, mais elles
sont très-rares.

Le tétras à queue fourchue vit dans les montagnes
couvertes de bruyères et boisées, et se nourrit de bourgeons d'arbres verts, de jeunes herbes, de graines et d'insectes. On le trouve en Europe, où il est plus répandu que
les autres espèces du même genre. En France, on le rencontre encore dans le Jura et la chaîne inférieure des
Alpes.

La femelle niche dans les bruyères ou les buissons,
et pond environ huit œufs d'un jaune terne, tacheté de
roux.

TÉTRAS RAKKELHAN.

(*Tetrao hybridus*. Sparmann.)

Cet oiseau est un métis des deux espèces précédentes ;
la teinte générale de son plumage est noire à reflets vio-

5

lets; il a les ailes brunes, couvertes de petites taches roussâtres, avec une tache blanche à l'épaule; les grandes
pennes des ailes sont blanchâtres en dehors; une membrane papilleuse rouge au-dessus de l'œil; queue à peine
fourchue; jambes et tarses couverts de plumes d'un noir
grisâtre; longueur, 0^m,65. Ce tétras ne se rencontre que
dans les localités où le coq de bruyères et le birkhan sont
nombreux. On le connaît aussi sous le nom de tétras
hybride.

GELINOTTE.

(*Tetrao bonasia*. Gmelin.)

La gelinotte est encore connue sous les noms de poule
des coudriers et de poule royale. « *Qui se feindra*, dit
Belon, *voir quelque espèce de perdrix métive entre la
rouge et la grise, et tenir je ne sais quoi des plumes du
faisan, aura la perspective de la gelinotte de bois.* » Cet
oiseau, de même taille que la perdrix rouge, a les plumes de la partie supérieure de la tête, du dos et du plastron jaspées de taches d'un brun rougeâtre, noires, grises
et fauves, disposées transversalement. Les plumes de la
tête sont un peu allongées et peuvent se relever en huppe;
les scapulaires ont une grande tache triangulaire, blanche.
Les plumes des ailes sont d'un gris brunâtre au bord interne
et variées de gris et de blanc au bord externe. Celles de la
queue, à part les deux médianes, qui sont brunes et élégamment mouchetées, ont une large bande noire vers leur
extrémité, qui se termine par un bord gris-blanc. La
gorge, noire, est entourée d'un collier blanchâtre qui
s'étend jusqu'aux épaules. La peau nue des yeux est écar-
late et bordée supérieurement de petites plumes blanches.
Les plumes de la poitrine et des flancs sont brunes au

centre avec une large frange blanche; celles du ventre semblent blanches, parce que la frange blanche se développe aux dépens de la tache brune centrale. Le bec est fort et d'un brun noirâtre; l'iris et les pieds sont d'un brun plus clair. La femelle, un peu moins forte que e mâle, n'a pas la gorge noire, et tout son plumage est moins vivement teinté. Les jeunes ressemblent à la femelle pendant la première année. On cite des variétés blanches, mais elles sont très-rares. On trouve la gelinotte dans presque tous les pays de montagnes boisées de l'Europe; en France elle n'est pas rare dans les Vosges, les Alpes et les Pyrénées, et on la rencontre jusqu'en Sibérie. Cet oiseau préfère les forêts où croissent les pins, les sapins, les bouleaux et les coudriers; il se nourrit de baies, de chatons, de bourgeons et de diverses graines. La gelinotte est très-sauvage, et c'est en vain que l'on a fait de nombreux essais pour la réduire en demi-domesticité. Elle ne se plaît que dans les grands bois fourrés et accidentés. Elle se dérobe à pattes, et ce n'est que lorsqu'elle est surprise qu'elle prend le vol pour se retrancher à petite distance sur un arbre dont elle choisit la partie la plus touffue, refuge qu'elle croit si sûr, qu'elle y attend le chasseur avec une confiance aveugle dont ce dernier sait profiter.

Les auteurs s'accordent généralement pour dire que la saison des amours de la gelinotte commence en octobre; ce qu'il y a de certain dans cette assertion, qui semble contraire aux lois de la nature, c'est que dès cette époque le mâle répond à l'appel. Mais il est probable que la gelinotte pond au mois d'avril ou de mai. Elle établit son nid dans les bruyères, sous les broussailles et pond une douzaine d'œufs. Les gelinottes se rencontrent quelquefois en compagnies; elles marchent plus qu'elles ne volent: aussi est-il facile de les prendre au collet ou au hallier, piéges qu'on place avec succès dans les sentiers qu'elles fréquentent.

LAGOPÈDE OU PERDRIX BLANCHE DES PYRÉNÉES.

(*Tetrao lagopus*. LINNÉ.)

C'est fort improprement qu'on donne à cet oiseau le nom de perdrix blanche, car ce n'est point une perdrix, et il n'est blanc que pendant l'hiver. Le nom de lagopède que je donne à cet oiseau, dit Buffon, est celui que Pline et les anciens lui donnaient, et il doit lui être conservé, car il exprime un attribut unique parmi les oiseaux, la présence de plumes sous les pieds comme on le remarque sur le lièvre.

En hiver, le mâle est d'un blanc pur ; une bande noire part de l'angle du bec et s'étend jusqu'aux yeux, qu'elle dépasse un peu. Sa queue est large et a les pennes latérales noires. Les tarses et les doigts sont couverts, même en dessous, de petites plumes blanches très-touffues et laineuses ; une papille étroite, dentelée et rouge entoure les yeux, qui sont d'un beau noir. Le bec est noir, les ongles sont noirs, crochus et subulés.

La femelle, un peu plus petite que le mâle, en diffère par l'absence de la raie noire de l'œil et par une papille moins développée. Longueur, 0^m,32.

En été, tout le plumage est d'un gris cendré lavé de fauve et coupé par un grand nombre de petits zigzags noirs ; le ventre, le dessous de la queue, les jambes, les tarses et les doigts sont blancs. Une bande noire s'étend du bec à l'œil, qu'elle dépasse un peu ; les ailes sont blanches ou blanchâtres.

La femelle, colorée comme le mâle, n'a point de bande noire aux yeux, mais son plumage général est plus foncé.

Cette différence bien tranchée de plumage en été et en hiver entraîne naturellement, pour les saisons intermédiaires et l'époque de la mue, un troisième plumage qui tient des deux premiers et semble donner une variété panachée. Il en est de même des jeunes avant la seconde mue.

Cet oiseau est aussi connu sous les noms de perdrix de neige, gelinotte blanche, attagas, tétras ptarmigan et lagopède alpin.

Les lagopèdes se trouvent en été sur les points les plus élevés des hautes montagnes, près de la zone des neiges. En hiver, ils descendent dans les régions moyennes sans cependant quitter la neige. Ils sont communs dans les Pyrénées et les Alpes. Leur nourriture consiste en chatons, feuilles et jeunes pousses de pin, de bouleau, de bruyère et de plantes aromatiques. C'est sans doute à la nature de leurs aliments que ces oiseaux doivent le goût particulier et la légère amertume de leur chair, qui d'ailleurs est bonne et plaît à bon nombre de gourmets. Buffon trouve beaucoup de ressemblance entre la chair du lagopède et celle du lièvre, et je puis confirmer cette opinion du célèbre naturaliste. Il dit aussi que les lagopèdes volent par troupes et que leur vol est peu élevé; cela est vrai, et l'on peut ajouter : peu soutenu, car ce sont des oiseaux très-lourds.

Les lagopèdes se laissent assez facilement approcher, et l'on serait tenté de croire qu'ils comprennent que la couleur blanche de leur plumage les dérobe aux regards du chasseur et même à ceux plus exercés de l'oiseau de proie. Il est bon d'ajouter que les difficultés que rencontre le chasseur pour les suivre dans les montagnes escarpées et couvertes de neige en sauve un grand nombre, et que

5.

la plupart des oiseaux de proie qui habitent les mêmes régions ne se nourrissent guère, sauf quelques exceptions, que de proies mortes et déjà en putréfaction.

Les lagopèdes donnent facilement dans les piéges, et la plupart de ceux qu'on apporte au marché dans les Pyrénées, où j'ai pu en observer un grand nombre, sont presque tous pris au collet ; ce qui confirme en partie cette opinion que ces oiseaux sont stupides. On assure même, dit Buffon, qu'ils n'osent jamais franchir une rangée de pierres grossièrement alignées, et qu'ils suivent cette humble barrière jusqu'aux piéges qui les attendent.

Les femelles établissent leurs nids sur les rochers couverts de mousse, au pied d'un petit buisson vert, et elles pondent huit ou douze œufs oblongs, dont la couleur est ocracée, avec de nombreuses taches noires ou brunes.

GROUSE OU TÉTRAS ROUGE.

(*Tetrao scoticus*. LATHAM.)

Cet oiseau, connu aussi sous le nom de *poule de marais*, se trouve en Écosse, où il est assez commun ; en Angleterre et en Irlande, où il est plus rare, et nulle part ailleurs.

« Le grouse a tout le plumage d'une belle couleur marron, pure et sans tache à la tête et au cou, mais variée sur toutes les parties inférieures de zigzags noirs, et sur les parties supérieures de grandes et petites taches noires. L'œil est encadré de petites plumes blanches. Les rémiges et les pennes secondaires sont brunes ; les quatre pennes du milieu de la queue, de couleur marron, avec des raies noires ; les latérales, noirâtres ; toutes sont terminées de brun-marron. La peau nue qui entoure les yeux est d'un rouge vermillon et forme une dentelure assez élevée. Plus de la moitié du bec est cachée par les plumes qui recouvrent les narines ; les tarses et les doigts sont entièrement couverts de plumes piliformes grises. »

La femelle présente des nuances moins vives, le rouge de la peau nue de l'œil est moins prononcé, et les jeunes

ont le plumage d'une teinte encore plus claire, avec quelques taches et raies irrégulières noirâtres.

Les grouses vivent sur les hautes montagnes, dans les lieux les plus déserts. Pendant l'hiver ils descendent dans les vallées, mais jamais ils ne quittent les bois ; ils se nourrissent de baies, de bourgeons, de feuilles sèches et de graines diverses. La femelle pond environ huit œufs dans un nid établi à terre ; sous les broussailles les plus serrées et les plus inaccessibles.

Ces oiseaux recherchent les lieux marécageux, de là sans doute leur nom de *poule de marais* ; ils ont une chair très-estimée.

GANGA CATA.

(*Pterocles alchata*. Ch. Bonaparte.)

Le ganga cata est généralement connu sous le nom de gelinotte des Pyrénées, nom que rien ne justifie, et sous celui de grandoule. En comparant les gangas aux perdrix, on remarque de suite des différences bien sensibles. Les principales sont une queue longue et effilée, des ailes allongées, un vol léger, long et élevé. Ajoutons à cela, d'après Darluc, que les gangas ne pondent que deux ou trois œufs; que les petits naissent sans plumes et que la mère leur dégorge la nourriture jusqu'à ce qu'ils soient assez forts pour quitter le nid.

Les gangas vivent en troupes plus ou moins nombreuses dans les plaines de sable du midi de la France et particulièrement dans celles de la Crau. Ils sont très-sauvages, et il est difficile de les surprendre; ce n'est guère qu'en les attendant à l'abreuvoir ou en leur tendant des piéges qu'on peut en prendre. Ils se nourrissent de grains, d'herbages tendres et de vers.

Le ganga est un fort bel oiseau : le mâle a le dessus de la tête, la nuque, le dos et les scapulaires d'une teinte vert d'olive, variée de jaune et de noir formant de petites bandes. Les couvertures supérieures de la queue présentent des bandes jaunes et noires. La gorge est noire, et la poitrine, d'un roux orangé, est encadrée par deux bandes noires formant un double collier. Le ventre est blanc, avec quelques plumes brunes sur les côtés. La queue est longue, surtout à cause du prolongement des deux pennes médianes. Les tarses sont garnis en avant de petites plumes blanches piliformes. La femelle a la gorge blanche, et sur le cou on voit un large demi-collier noir, suivi d'un autre d'un cendré roussâtre. Cet oiseau, à première vue, a beaucoup de rapports avec la perdrix ; et s'il en diffère essentiellement par des caractères importants, on peut dire encore que sa chair ne vaut rien et qu'il est presque toujours maigre ; cependant le chasseur se félicitera toujours de l'occasion qu'il aura de tuer un si bel oiseau.

FRANCOLIN A COLLIER ROUX.

(*Francolinus vulgaris*. Ch. Bonaparte.)

Le francolin ressemble beaucoup aux perdrix, dont il diffère cependant par un bec plus fort et plus allongé, une queue plus longue et un *éperon corné et aigu chez le mâle*.

Ce bel oiseau n'habite pas la France ; mais comme on le trouve en Algérie, j'ai cru devoir en parler.

On le rencontre dans le royaume de Naples, en Grèce, en Turquie, dans la plupart des îles de la Méditerranée et dans le nord de l'Afrique.

Le francolin a les plumes du haut de la tête et de la nuque noires et bordées de roux jaunâtre ; une tache de plumes blanches se trouve sous les yeux, dont le tour est nu, et couvre les oreilles. Un large collier marron vif entoure le cou ; les joues, la gorge et tout le dessous du corps sont noirs. Sur les flancs et les côtés de la poitrine on remarque des plaques de plumes blanches. Les ailes sont brunes avec des raies et des taches rousses, et le dos, le croupion et les pennes médianes de la queue sont rayés transversalement de noir et de blanc. Le bec est noir, les pieds rougeâtres et les éperons bruns. La femelle a le fond du plumage de couleur café-au-lait, et les rayures du dos, du croupion et de la partie supérieure de la queue sont d'un brun clair coupé de gris.

Cet oiseau établit son nid à terre, au pied d'un arbre ou dans les buissons ; il vit en famille dans le canton où il est né et a à peu près les habitudes des perdrix ; cependant il se perche sur les arbres, surtout pour passer la nuit, et recherche les lieux humides dans le voisinage des bois.

Les francolins sont très-sauvages, ont le vol lourd quoique soutenu, mais ils sont promptement fatigués.

Les oiseaux dont nous avons parlé jusqu'ici appartiennent tous à l'ordre des gallinacés, mais il en est d'autres encore qu'on rencontre en plaine ou au bois, quoique leur organisation semble devoir en faire des oiseaux de marais ; tels sont particulièrement les outardes et le râle de genêt qui, pendant leur séjour en France, recherchent plutôt les plaines humides et les prairies ; et la bécasse, qui n'habite que les bois.

Les premiers, par la forme intermédiaire du bec et par leurs habitudes qui semblent peu en rapport avec le développement et la disposition de leurs pattes, établissent en quelque sorte la transition entre les gallinacés et les échassiers ; la bécasse enfin, avec tous les caractères des échassiers, n'habite que les bois, et ne se rapproche de ces oiseaux que par ses habitudes solitaires.

OUTARDE BARBUE OU GRANDE OUTARDE.

(*Otis tarda.* LINNÉ.)

Cet oiseau est une bonne fortune pour le chasseur assez heureux pour l'atteindre, car c'est le plus gros gibier à plumes qu'on puisse rencontrer en Europe, en même temps que sa rareté et la bonne qualité de sa chair le rangent parmi les pièces remarquables qu'on peut se flatter d'avoir abattues.

L'outarde est l'*avis tarda* des anciens, l'*otis tarda* de Linné, d'où l'on a fait le nom que lui ont donné les naturalistes. Le mâle a la tête, le haut du cou et la poitrine d'un beau gris cendré ; le ventre est blanc. Sur le haut de la tête se trouve une bande longitudinale brune. De chaque côté de la tête et près de la mandibule inférieure, on remarque une moustache formée de longues plumes blanchâtres à barbes déliées et désunies, qui dépassent d'autant plus la nuque que l'oiseau est plus adulte ; enfin on voit, de chaque côté du cou, un espace nu ou couvert d'un duvet rare d'une teinte violacée ; le bas du cou est d'un roux fauve ; les épaules et le dos sont couverts de plumes jaunâtres fauves et tâchées de bandes demi-circulaires noires, avec des bords d'un fauve plus clair. La queue est blanche sur les côtés et à l'extrémité ; elle est coupée par deux bandes noires, variées de roux, et tachetée de noirâtre dans le reste de son étendue. Les couvertures des ailes sont variées de gris et de blanc, et les premières pennes noirâtres. Le bec est brun corné, comprimé à sa base ; le bas de la jambe, les tarses et les doigts sont gris-verdâtre.

La femelle est plus petite, a les moustaches beaucoup moins longues et moins épaisses, et les taches nues du cou ont une teinte café-au-lait. Elle pond à terre deux ou trois œufs d'un gris cendré verdâtre avec des taches brunes.

L'outarde pèse de 10 à 15 kilogrammes. Sa longueur est d'un mètre. Elle se nourrit de grains, d'herbes, d'insectes, de vers et même de grenouilles ; elle vit en petites troupes, sous la conduite d'un vieux mâle, et se montre en

France, surtout en hiver. Cependant, on en voit aussi quelquefois au printemps. Les localités que ces oiseaux semblent préférer sont la Champagne, où ils arrivent souvent en grand nombre, et la Picardie. On en rencontre encore, mais en petit nombre, en Lorraine, dans le Poitou et dans le midi de la France. L'outarde barbue vient des régions orientales de l'Europe ; elle est très-commune dans le midi de la Russie, la Hongrie et la Dalmatie.

Les ailes des outardes sont peu proportionnées au poids de leur corps, aussi ont-elles beaucoup de peine à s'enlever, et sont-elles obligées de courir longtemps avant de prendre leur vol, qui est bas et court. En compensation, leur course est très-rapide et elles semblent infatigables. Cette disposition leur fait préférer les grandes plaines découvertes, qu'elles parcourent en peu de temps et qui leur permettent de longues courses. Très-sauvages, très-craintives, peu confiantes dans leurs ailes, la vue d'un chien les fait fuir au loin, et par les temps de brouillard, elles peuvent être surprises à peu de distance et ne peuvent s'échapper.

« L'outarde, quoique fort grosse, est un animal très-craintif et qui paraît n'avoir ni le sentiment de sa propre force, ni l'instinct de l'employer. Les outardes s'assemblent quelquefois par troupes de cinquante ou soixante, et ne sont pas plus rassurées par leur nombre que par leur force et leur taille ; la moindre apparence de danger ou plutôt la moindre nouveauté les effraie, et elles ne pourvoient guère à leur conservation que par la fuite. Elles craignent surtout les chiens. Mais, si l'on en croit les anciens, l'outarde n'a pas moins de sympathie pour le cheval qu'elle a d'antipathie pour le chien : dès qu'elle aperçoit celui-là, elle, qui craint tout, vole à sa rencontre et se met presque sous ses pieds. En supposant bien constatée cette singulière sympathie entre des animaux si différents, on pourrait, ce me semble, en rendre raison en disant que l'outarde trouve dans la fiente du cheval des grains qui ne sont qu'à demi digérés, et qui lui sont une ressource dans la disette.

» Il n'est point de piége, si grossier qu'il soit, qui ne doive réussir pour s'emparer des outardes, s'il est vrai, comme le dit Élien, que, dans le royaume de Pont, les renards viennent à bout de les attirer à eux en se couchant contre terre et relevant leur queue, à laquelle ils donnent, autant qu'ils peuvent, l'apparence et les mouvements du cou d'un oiseau ; les outardes, qui prennent cet objet pour un oiseau de leur espèce, s'approchent sans défiance et deviennent la proie de l'animal rusé : mais cela suppose bien de la subtilité dans le renard, bien de la stupidité dans l'outarde, et peut-être encore plus de crédulité dans l'écrivain. » (BUFFON.)

La chasse de l'outarde est très-difficile, si ce n'est par surprise ; mais lorsqu'on sait des outardes dans une plaine, il faut s'entendre avec un certain nombre de chasseurs, qui entoureront la bande à distance et convergeront en silence et en se cachant jusqu'au moment où, assez rapprochés, ils pourront, en se montrant, la mettre sur pied, et tirer avec chance de succès. Si l'on est seul, le moyen qui réussit le mieux à découvert est la chasse avec un cheval habitué au bruit du fusil.

En Russie, on voit des outardes élevées dans les basses-cours ; mais elles ne se reproduisent pas, dit-on, en captivité. Il serait à désirer qu'on fît de nouveaux essais, avec des œufs couvés par des dindes ou des poules.

OUTARDE CANEPETIÈRE OU PETITE OUTARDE.

(*Otis tetrax.* LINNÉ.)

L'outarde canepetière (cane-petière, cane-pétrace ou de roche) est beaucoup plus petite que la précédente et son corps présente à peu près les mêmes dimensions que celui du faisan. La teinte générale du plumage est d'un fauve jaunâtre clair avec un grand nombre de petits zigzags noirs et bruns sur les plumes de la tête, du dos, des couvertures des ailes et de l'extrémité de la queue. Les plumes scapulaires ont une tache noire sur la baguette. La gorge et les joues sont gris-cendré foncé. Le cou présente deux colliers blancs séparés par un collier noir plus large en arrière qu'en avant, et sur le bas du cou se trouve un demi-collier noir ; les pennes de l'aile sont noires et le ventre est blanc. Le bec est corné, le bas de la jambe, les tarses et les pieds sont d'un gris plus ou moins jaunâtre. La femelle diffère du mâle par quelques détails de plumage ; sa gorge est blanche, et son cou sans colliers est fauve-jaunâtre marqué de petites taches irrégulières noires ; les taches noires ou brunes des parties supérieures sont plus larges que celles du mâle et beaucoup plus distantes. Ses joues sont fauves avec de petites flammules brunes. Longueur, 0m,43.

L'outarde canepetière est très-commune dans les steppes de la Russie méridionale ; elle est de passage irrégulier en France aux mois d'avril et d'octobre, et recherche les pays de plaine ; on en voit assez régulièrement dans la Champagne, la Brie et la Beauce, et plus rarement en Lorraine, dans le Berry et la Normandie. Pendant les hivers rigoureux, elle gagne les contrées méridionales, mais ne se réunit pas en troupes comme la grande outarde ; elle voyage par couples, se tient dans les prés et s'abrite souvent dans les herbes, où l'on peut la surprendre, dans les oseraies et les plaines humides.

Cet oiseau est très-sauvage et très-craintif; il a le vol bas et roide, peu étendu; mais aussitôt posé à terre, il s'éloigne de l'endroit où il s'est abattu par une course rapide.

OUTARDE HOUBARA.

(*Otis houbara.* Gmelin.)

L'outarde houbara est un peu plus grosse que le faisan ; son bec est d'un brun grisâtre, long d'un peu plus de 5 centimètres, légèrement courbé depuis la partie moyenne jusqu'à la pointe. La mandibule supérieure est triangulaire

à la base, un peu plus longue que l'inférieure, et armée vers l'extrémité de deux petites dents latérales.

Du sommet de la tête naît un faisceau de plumes fines,

blanches, renversées en arrière, et longues de 3 à
10 centimètres ; le cou est entouré obliquement d'une belle
fraise de plumes blanches et noires que l'oiseau abaisse
ou redresse à volonté. La gorge est pointillée d'une très-
grande quantité de petites taches brunes sur un fond gris.
Le dessus du corps est fauve, tacheté de petits points noirs
irréguliers ; le dessous est d'un beau blanc.

La femelle, un peu plus petite, a les couleurs moins
vives et moins tranchées.

Le vol de cette belle outarde est pesant et bas, quoique
rapide ; elle est très-sauvage et se laisse difficilement approcher ; elle se trouve en grand nombre dans certains
cantons, mais jamais en troupes. On la rencontre dans le
nord de l'Afrique, surtout aux environs de Constantine, et
dans quelques contrées de l'Europe, principalement en
Espagne.

ŒDICNÈME CRIARD.

(*Œdicnemus crepitans.*)

« Il est peu de chasseurs et d'habitants de la campagne
en Picardie, dans la Beauce, la Champagne, la Bourgogne,
et surtout dans le midi de la France, qui, se trouvant sur
le soir au milieu des champs, n'aient entendu les cris ré-
pétés *turrlui*, *turrlui*, de ces oiseaux. » (BUFFON.)

Le nom d'œdicnème veut dire *jambe enflée* ; il a été
donné par Belon à cet oiseau à cause du gonflement que
présentent ses jambes au-dessous du genou.

L'œdicnème est remarquable par un port tout particulier, sa grosse tête et des yeux qui paraissent énormes.
Sa tête est couverte, ainsi que les parties supérieures
du corps, de plumes d'un roux cendré, avec une tache

longitudinale noirâtre au centre ; l'espace entre le bec
et l'œil, la gorge, le ventre et les cuisses sont blancs ;
le devant du cou et la poitrine roussâtres, avec des raies
longitudinales brunes. La base du bec et les paupières
d'un jaune-citron, le bout du bec noir, les pieds d'un
jaune verdâtre. « Cet oiseau a l'aile grande ; il part de
loin, surtout pendant le jour, et vole assez bas ; il court

très-vite, et s'arrête tout court, tenant son corps et sa tête
immobiles.

Solitaires et tranquilles pendant toute la journée, les
œdicnèmes se mettent en mouvement à la chute du jour,
et se répandent de tous côtés en criant. La nuit est le
moment de leurs ébats et de leurs cris.

L'œdicnème est très-sauvage et se laisse difficilement
approcher ; il recherche les plaines pierreuses et sèches,

6.

où il se nourrit d'insectes et de reptiles ; il arrive en France dès la fin des grands froids, et ne part qu'au mois de novembre.

L'œdicnème n'est pas considéré comme gibier, et sa chair est le plus souvent sèche et de mauvais goût : aussi nous n'en parlons ici que comme d'un oiseau ayant avec les pluviers de grands rapports d'organisation , mais n'offrant au chasseur qu'un intérêt très-secondaire. On le surprend souvent parce qu'il n'ose pas toujours fuir, et il est alors souvent victime de son imprudente timidité.

VANNEAU HUPPÉ.

(*Vanellus cristatus*. Linné.)

Le bruit que fait cet oiseau en volant, et qu'on a comparé à celui d'un van à blé, l'a fait appeler vanneau, et son nom anglais *lapwing*, dit Buffon, se rapporte aussi au battement bruyant de ses ailes. On donne encore au vanneau les noms de *dix-huit*, *pivite* et *kivite*, qui représentent assez bien le cri qu'il fait entendre à terre, dans les airs et même pendant la nuit. Son vol est puissant, soutenu et souvent très-élevé. Lorsqu'il est à terre, le vanneau est toujours en mouvement; en l'air, il folâtre et semble continuellement en jeux ou en poursuites. Le vanneau huppé est de la grosseur d'un pigeon ; sa tête est ornée d'une huppe de cinq ou six plumes longues, effilées, les unes blanches, les autres noires et blanches. La teinte générale de son plumage est vert-doré, changeant sur les parties supérieures, et blanc en dessous. Le sommet de la tête et le front sont noirs; la nuque est d'un gris verdâtre ; le tour du bec, la gorge et le cou sont d'un beau noir à reflets bleuâtres ; il a un point blanc de chaque côté du bec et une petite bande de même couleur au-dessus de l'œil ; le dessous de la queue est roux ; le dessous des ailes est tapissé de plumes blanches.

La femelle diffère très-peu du mâle, seulement les teintes noires sont moins reflétantes et la huppe est un peu plus courte. Les vanneaux arrivent en France en bandes nombreuses dès les premiers jours de mars, après le dernier dégel et par les vents du sud. Ils s'abattent dans les prairies humides et les champs couverts de verdure, où ils trouvent les vers dont ils se nourrissent et dont ils s'emparent fort adroitement. « Le vanneau qui rencontre un de ces petits tas de terre en boulettes ou chapelets, que le ver a rejetés en se vidant, le débarrasse d'abord légèrement, et, après avoir dégagé le trou, il frappe la terre de son pied, et reste l'œil attentif et le corps immobile ; les petites secousses produites suffisent pour faire sortir le ver, qui, dès qu'il se montre, est subtilement enlevé d'un coup de bec et avalé. Le soir venu, ces oiseaux courent dans l'herbe et sentent sous leurs pieds les vers qui sortent à la fraîcheur ; ils en font ainsi une ample pâture, et vont ensuite se laver les pieds et le bec dans les petites mares ou dans les ruisseaux. »

Les vanneaux se laissent difficilement approcher et semblent distinguer le chasseur de très-loin. Ils sont plus abordables s'il fait du vent, parce qu'ils hésitent à prendre le vol. Quand ils sont prêts à s'envoler, tous agitent leurs ailes par un mouvement régulier, et comme elles sont doublées de blanc, ils semblent un instant avoir changé de couleur.

Ces grandes troupes que forment les vanneaux à leur arrivée se séparent quand paraissent les premiers beaux jours. Le signal est donné par les combats que se livrent les mâles, et les femelles sortent du milieu de la troupe, comme si ces querelles ne les intéressaient pas, mais, en effet, pour attirer les mâles et vivre par couples pendant les trois mois que durent leurs amours et le soin de la nichée. La ponte est de trois ou quatre œufs d'un vert foncé tacheté de noir. La femelle les dépose sur les petites buttes ou mottes de terre élevées au-dessus du niveau du terrain dans les prés marécageux. Cette précaution, qui met les œufs à l'abri des eaux, les laisse trop exposés à la vue, et comme on les dit fort bons à manger, on les recherche avec soin et l'on en détruit un grand nombre. Dans certaines provinces, on les vend par milliers sur les marchés.

« Le temps de l'incubation est de vingt jours, et deux ou trois jours après leur naissance, les petits suivent leurs parents, et sont bientôt en état de fuir à la course et d'échapper aux maraudeurs. Ils sont alors couverts d'un duvet noirâtre, voilé sous de longs filets blancs ; et c'est seulement à la fin de juillet qu'ils prennent leur plumage et se réunissent en bandes, souvent très-nombreuses. Ils passent alors d'un marais à l'autre, s'arrêtent dans les prairies, et, après les pluies, dans les terres labourées. Ces oiseaux inconstants ne restent guère plus de vingt-quatre heures dans le même canton ; mais leur inconstance est fondée sur un besoin réel : un canton épuisé de vers dans un jour, la troupe est forcée d'aller en chercher ailleurs, et elle part pour d'autres climats dès que les vents froids et les gelées blanches forcent les vers à s'enfoncer dans la terre. Ils vont chercher leur nourriture dans le Midi, où commence alors la saison des pluies ; mais, par une semblable nécessité, ils sont, au printemps, forcés de quitter ces terres du Midi, l'excès de la chaleur et de la sécheresse y causant, en été, le même effet que l'excès du froid de nos hivers, par rapport à la disparition des

vers, qui ne se montrent à la surface de la terre que lorsqu'elle est en même temps humide et tempérée. » (BUFFON.)

Le vanneau est connu dans toute l'Europe et l'Asie ; on le voit en France, particulièrement dans les pays de plaines, et surtout en Champagne, en Lorraine et en Normandie. On en prend un grand nombre avec un filet semblable à celui employé pour les alouettes, à l'aide d'appelants conservés en cage. Dans certaines localités, on tend des collets au bord des ruisseaux qu'ils fréquentent plusieurs fois dans la même journée et même la nuit, et ce moyen réussit très-bien.

On en tue beaucoup au fusil, et ceux qui tombent semblent retenir la bande, qui s'inquiète, suspend son vol et tourne quelque temps autour des victimes, ce qui donne le temps au chasseur de doubler son coup avec avantage. On dit que les objets de couleur blanche les attirent : aussi conseille-t-on au chasseur de vanneaux l'emploi d'un chien blanc, d'un vêtement de même couleur, et dit-on qu'il faut étendre un mouchoir blanc maintenu aux quatre coins avec des pierres au milieu d'une plaine pour attirer ces oiseaux.

Le vanneau n'est bien nourri qu'en octobre, et sa chair est des plus médiocres, quoi qu'en dise le proverbe : *Qui n'a point mangé vanneau, n'a point mangé bon morceau.*

VANNEAU SUISSE OU VANNEAU PLUVIER.

(*Vanellus helveticus.* VIEILLOT.)

Le vanneau suisse n'a pas de huppe, et son plumage varie beaucoup suivant l'âge. En hiver, cet oiseau a le front, la gorge, le ventre et le dessus de la queue d'un blanc pur ; les sourcils, la partie antérieure du cou et les flancs d'un blanc taché de cendré et de brun ; les parties supérieures sont noirâtres tachées de jaune verdâtre, avec toutes les plumes terminées de cendré et de blanchâtre. La queue est terminée de roussâtre, et rayée de brun en dessous.

La femelle diffère peu du mâle ; les parties noires sont plus variées de plumes blanches, et les nuances du plumage sont moins tranchées.

Le plumage de noces est plus noir ; l'espace entre l'œil et le bec, la gorge, le devant du cou, le milieu de la poitrine, le ventre, les flancs et le dos sont d'un noir profond ; des bandes noires traversent obliquement les couvertures inférieures de la queue.

Le vanneau pluvier s'avance peu dans les terres, et il est beaucoup plus rare que le vanneau commun ; il ne quitte guère le bord des eaux douces ou de la mer. On le voit sur les côtes de France pendant l'été.

VANNEAU KEPTUSHKA OU SOCIAL.

(*Vanellus gregarius.* VIEILLOT.)

Cet oiseau ne se rencontre qu'accidentellement en France, et nous ne ferons que le citer ; il est très-commun dans le midi de la Russie. Il vit en troupes nombreuses dans les terres voisines des cours d'eau. Il n'a point de huppe ; la teinte générale de son plumage est le gris olivâtre en dessus, et le gris cendré avec quelques parties noires.

Vanneau kep'us'ika.

PLUVIERS.

« Les pluviers arrivent en France, en troupes nombreuses, dès les premiers jours d'octobre, et le nom qu'on
leur a donné tient sans doute à ce qu'ils passent surtout
par les temps pluvieux si communs en automne.

» Ils ont les mêmes habitudes, le même genre de vie que
les vanneaux, avec lesquels ils se mêlent très-souvent, et ils
sont aussi peu sédentaires. On ne voit jamais un pluvier
seul, dit Longolius, et leurs bandes sont toujours au moins
de cinquante. Lorsqu'ils sont à terre, ils ne s'y tiennent
point en repos ; sans cesse occupés à chercher leur nourriture, ils sont presque toujours en mouvement. Plusieurs
font sentinelle pendant que le gros de la troupe se repaît ;
et au moindre danger, ils jettent un cri aigu qui est le
signal de la fuite. En volant ils suivent le vent, et l'ordre
qu'ils observent est assez singulier : ils se rangent sur une

ligne en largeur, et, placés ainsi de front, ils forment dans l'air des zones transversales fort étroites et d'une grande longueur. A terre ces oiseaux courent beaucoup et très-vite ; ils demeurent attroupés tout le jour, et ne se séparent que pour passer la nuit. Ils se dispersent le soir sur un certain espace, et chacun gîte à part ; mais dès le point du jour, le premier éveillé, ou peut-être la sentinelle, jette le cri de rappel : *huit, hieu, huit,* et dans l'instant toute la troupe est réunie. C'est le moment qu'on choisit pour en faire la chasse au filet. » (BUFFON.)

La chasse au fusil est loin d'être aussi productive ; on tire les pluviers en surprise, et dans les plaines où leurs bandes se réunissent, on les cerne, et, en se les renvoyant l'un à l'autre, on les fatigue, et il est alors possible de les diviser et de les approcher. Cette manœuvre réussira toujours quand le temps sera sec et chaud.

Le pluvier est généralement plus gras et plus estimé que le vanneau, dont la réputation est usurpée.

Généralement, les pluviers sont plus communs sur les bords de la mer, à l'embouchure des grands cours d'eau, près des marais voisins de la mer, que dans l'intérieur des terres, où l'on en voit cependant aussi.

Il y a plusieurs espèces de pluviers qui arrivent en France, mais le pluvier doré est le plus commun.

PLUVIER DORÉ.

(*Chavadrius pluvialis.* LINNÉ.)

Le pluvier doré est de la grosseur d'une tourterelle ; il a le sommet de la tête et les parties supérieures du corps d'un noir fuligineux avec de nombreuses taches d'un jaune doré. Les côtés de la tête, du cou et de la poitrine sont variés de taches cendrées, brunes et jaunâtres. Les ailes sont noires avec l'extrémité des baguettes blanche. La gorge et le dessous du corps sont blancs. Le bec et les pattes sont noirs, ainsi que les yeux, qui sont grands.

La femelle ne diffère du mâle que par des nuances moins vives ; elle fait son nid à terre dans les parties sèches des marais ; la ponte est de trois à cinq œufs pyriformes, d'un jaune verdâtre, avec des points et des taches noirs. Le pluvier se chasse comme le vanneau, mais on en détruit beaucoup plus au filet ou au lacet qu'au fusil.

PLUVIER GUIGNARD OU CHIRIOT.

(*Charadrius morinellus*. Linné.)

Un peu plus petit que le précédent, le pluvier guignard est un excellent gibier dont la chair est des plus délicates.

Cet oiseau a le sommet de la tête et l'occiput d'un cendré noirâtre ; deux bandelettes d'un blanc roussâtre et placées au-dessus des yeux vont se réunir à l'occiput. Le front et les joues sont blancs, pointillés de noir, et le dessus du corps est d'un cendré noirâtre teinté de vert et de roux ; la poitrine et les flancs d'un roux grisâtre ; le ventre et la poitrine traversés par une bande d'un blanc pur liseré de noir. Bec noir ; pattes gris-vert.

La femelle diffère peu du mâle, elle est généralement un peu plus forte ; la ligne noire du ventre est moins foncée et variée de blanc.

Le guignard est de passage en France en avril et en août. Sa chasse est assez facile, et il suffit d'en avoir abattu un pour que toute la troupe vienne tourner au-dessus de celui qui se débat, et se laisse fusiller avec une stupidité inconcevable. Le chasseur doit donc s'occuper de recharger promptement son arme, et ne ramasser ses victimes que lorsque la bande se sera définitivement éloignée.

GRAND PLUVIER A COLLIER OU REBAUDET.

(*Charadrius hiaticula.* Linné.)

Ce pluvier, généralement connu sous le nom de rebaudet, a tout au plus 16 centimètres de longueur. Il a le bec noir et orangé, et les pieds de cette dernière couleur. Un large plastron noir, surmonté d'un collier blanc, couvre la poitrine, et une bande d'un noir vif occupe le front, le dessus des yeux, l'espace entre l'œil et le bec, et vient aboutir à l'occiput. Au-dessus de la bande noire du front est une autre bande blanche. Le dessus du corps est d'un brun cendré. Les paupières sont jaunes. Les baguettes des ailes sont blanchâtres à l'extrémité. La femelle a les couleurs moins vives.

Le rebaudet est assez commun sur les côtes de France, et sa chair est estimée; il est de passage au printemps et en automne. Il établit son nid sur les bords de la mer, dans les galets au-dessus du niveau des marées et sur le bord des étangs. La ponte est de trois à cinq œufs obtus, d'un gris olivâtre, avec de petites taches brunes et noires. Il vit en troupes assez nombreuses, et se réunit quelquefois à d'autres échassiers de petite taille.

PETIT PLUVIER A COLLIER OU GRAVELOTTE.

(*Charadrius minor.* Meyer.)

Le pluvier gravelotte n'a pas plus de 12 ou 13 centimètres, et son plumage est à peu près le même que celui du précédent, dont il diffère par le bec, qui est entièrement noir, par le plastron noir beaucoup plus étroit, et enfin par les baguettes brunes des ailes.

Cette espèce est plus commune sur les côtes méridionales de la France que sur celles du Nord, où elle se présente rarement. Elle vole en rasant la terre et répète sans

LESCESTRE,   BEVALET

cesse un petit cri aigu, surtout au départ. Le passage a lieu en avril et en octobre. Connu aussi dans le Midi sous le nom de *pécherolle*, le petit pluvier à collier arrive par petites bandes qui se séparent bientôt en couples qui nichent sur le bord des eaux. La ponte est de trois ou quatre œufs d'un blanc grisâtre taché de points bruns.

PLUVIER A COLLIER INTERROMPU.

(*Charadrius cantianus.* LATHAM.)

Cette espèce, intermédiaire pour la taille entre les deux précédentes, car elle mesure 14 ou 15 centimètres, a un plumage brun-roux cendré en dessus ; sa poitrine ne présente pas de plastron, mais on remarque sur les côtés deux taches noires ou brunes. Le front, les sourcils, un demi-collier sur la nuque et tout le dessous du corps sont blancs. L'espace entre l'œil et le bec et une tache en triangle sur la tête sont noirs. Bec et pattes noirs.

La femelle n'a pas de tache noire sur la tête, le bandeau blanc est plus étroit, et les teintes foncées sont généralement plus brunes que noires.

Cet oiseau, connu aussi sous les noms de pluvier à demi-collier ou à poitrine blanche, est assez commun sur les côtes du nord de la France où il se reproduit. La ponte est de trois à cinq œufs d'un gris verdâtre, avec de petites taches gris-foncé et noires.

OISEAUX DE RIVAGE OU DE MARAIS.

« De tous ces êtres légers sur lesquels la nature a répandu tant de vie et de grâce, et qu'elle paraît avoir jetés
à travers la grande scène de ses ouvrages pour animer le
vide de l'espace et y produire du mouvement, les oiseaux
de marais sont ceux qui ont le moins de part à ses dons ;
leurs sens sont obtus, leur instinct est réduit aux sensa-
tions les plus grossières, et leur naturel se borne à chercher alentour des marécages leur pâture sur la vase ou
dans la terre fangeuse, comme si ces espèces, attachées au
premier limon, n'avaient pu prendre part au progrès plus
heureux et plus grand qu'ont fait successivement toutes
les autres productions de la nature, dont les développe-
ments se sont étendus et embellis par les soins de l'homme,
tandis que ces habitants des marais sont restés dans l'état
imparfait de leur nature brute.

En effet, aucun d'eux n'a les grâces ni la gaîté de
nos oiseaux des champs ; ils ne savent point, comme ceux-
ci, s'amuser, se réjouir ensemble, ni prendre de doux
ébats entre eux sur la terre ou dans l'air ; leur vol n'est
qu'une fuite, qu'une traite rapide d'un marais à un autre ;
retenus sur le sol humide, ils ne peuvent, comme les hôtes
des bois, se jouer dans les rameaux ni même s'y poser ; ils
gisent à terre et se tiennent à l'ombre pendant le jour.; une

7.

vue faible, un naturel timide, leur font préférer l'obscurité de la nuit à la clarté du jour, et c'est moins par les yeux que par le tact et par l'odorat qu'ils cherchent leur nourriture. C'est ainsi que vivent la plupart des oiseaux de marais. » (Buffon.)

COURLIS CENDRÉ OU GRAND COURLIS.

(*Numenius arquatus*. Linné.)

Le courlis a le bec long, grêle et arqué; sa taille est celle d'une volaille ordinaire, et son plumage est teint de blanc et de brun sur gris; le ventre et le croupion sont blancs. Les plumes des parties supérieures sont tachées de brun et frangées de gris-blanc ou de roussâtre; la queue est courte, d'un cendré blanchâtre, avec quelques bandes brunes. Les pattes sont longues et grises.

La femelle est un peu plus forte que le mâle, et elle est généralement plus grise.

Le courlis court très-vite et vole en criant, surtout le soir et la nuit; son cri peut être représenté par le mot *turrlui* répété deux fois de suite. Il est de passage en France dans les mois de mars, d'avril, d'octobre et novembre. Au passage d'automne il arrive en bandes assez nombreuses, tandis qu'au mois de mars on le voit souvent par couples ou par compagnies de quatre ou cinq.

Il niche sur le bord des eaux; la ponte est de quatre ou cinq œufs d'un jaune verdâtre, avec des taches grises, brunes et noirâtres.

Pendant le jour les courlis se tiennent dans les joncs et les roseaux, et ils ont un fumet très-prononcé : aussi les chiens d'arrêt les suivent-ils aisément; ils gagnent beaucoup de terrain à pattes et ne prennent le vol que lorsqu'ils sont serrés de près ; il faut les pousser rapidement, et comme leur départ est lent, ainsi que leur vol, on a de grandes chances de les tirer. Ces chances seront plus grandes si deux chasseurs s'entendent bien : les courlis en volant cherchent toujours à suivre le bord de l'eau ; l'un des chasseurs, caché dans une touffe de roseaux, sera averti assez à temps par les cris du courlis, tandis que l'autre le fera lever.

COURLIS CORLIEU OU PETIT COURLIS.

(*Numenius phœopus.* LATHAM.)

Le courlis corlieu, de moitié plus petit que le précédent, en diffère encore par son bec moins arqué, plus court à proportion, et par deux bandes longitudinales brunes qui, partant du front, vont se terminer à l'occiput, et deux autres bandes plus petites entre les premières et l'œil. La gorge est blanche ; le cou et la poitrine sont couverts de plumes d'un gris blanc sur les bords et brunes au centre ; les flancs présentent des taches brunes en zigzags.

La femelle a le même plumage que le mâle, mais elle est plus petite.

Cet oiseau est de passage dans le nord de la France en avril et mai et en automne ; il voyage isolément, et l'on n'en voit guère plus de trois ou quatre ensemble.

COURLIS A BEC GRÊLE.

(*Numenius tenuirostris.* VIEILLOT.)

Le courlis à bec grêle est originaire d'Afrique ; il se montre rarement et irrégulièrement en France. De même taille que le courlis corlieu, il en diffère par la largeur des larmes brunes qu'il a sur la poitrine et le ventre. Cet oiseau est brun en dessus, blanc en dessous ; il en commun en Algérie et dans les îles de la Méditerranée.

BARGES.

Les barges ont le bec très-long, droit ou un peu recourbé en haut, et les pattes très-hautes. Ces oiseaux sont destinés à vivre dans les marais et sur les bords fangeux des fleuves ; leur bec très-tendre et très-flexible ne peut servir ni à ramasser leur nourriture sur un terrain dur et graveleux, ni à l'enfoncer dans la terre serrée des prairies ; il est organisé pour fouiller dans les boues, les limons ou dans le sable mouillé, qui nourrissent un grand nombre de vers, de larves et d'insectes.

Ces oiseaux ressemblent beaucoup aux bécasseaux et aux chevaliers ; mais ils ont le bec plus long et les pattes plus hautes. Pendant le jour, ils se tiennent cachés dans les herbes humides et ne se montrent que le matin et le soir sur le bord des eaux. Il est très-difficile de les approcher, et ils fuient à pattes avec une grande rapidité. Cependant leur défiance, motivée par la faiblesse de leur vue, et l'habitude qu'ils ont de se cacher dans les herbes pendant le jour, permettent au chasseur de les surprendre avec un chien d'arrêt. Au départ, ils font entendre un cri analogue à celui des chevaliers, mais il est chevrotant. C'est le matin et le soir, au moment du passage, que cette chasse présente le plus de chances de succès.

Les barges, comme gibier, sont aussi estimées que les bécassines ; elles sont même généralement plus grasses, surtout en octobre. Elles recherchent de préférence les bords de la mer et les marais salés : celles qu'on rencontre dans l'intérieur des terres y ont été poussées accidentellement. Aux époques du passage, on les voit en troupes et on les entend souvent le soir. Fatiguées, elles reprennent difficilement leur vol, et on peut alors les approcher. Elles sont peu sédentaires, et il faut profiter du moment favorable ; car on n'en trouve plus une dans les lieux où, la veille, elles étaient nombreuses. Les barges viennent des régions septentrionales, leur séjour habituel.

BARGE COMMUNE OU A QUEUE NOIRE.

(*Limosa melanura.* Temminck.)

Cette barge a le bec droit, brun et rouge-orangé à la base ; elle a 40 centimètres environ du bec à la queue. La teinte générale du plumage est le gris uniforme ; le front et la gorge sont roussâtres ; les ailes, noires en dessus, sont doublées de blanc ; la queue est blanche avec une grande tache noire ; la poitrine et les flancs sont roux et traversés de bandes noires en zigzags ; le dessous du corps est blanc ; les pattes noirâtres. La femelle présente des teintes moins foncées que le mâle ; elle est aussi plus grosse et plus élevée sur pattes.

La barge commune est un beau et bon gibier ; elle passe en France au printemps et en automne, et ce n'est qu'accidentellement qu'elle quitte le bord des eaux ; elle est plus commune sur les côtes et dans le voisinage des grands marais.

BARGE ROUSSE.

(*Limosa rufa.* Brisson.)

Connue aussi sous le nom de *barge à queue barrée.* Cette espèce est un peu plus petite que la précédente, et son bec, d'un rouge livide dans la plus grande partie de son étendue, est un peu recourbé en haut ; enfin sa queue est rayée alternativement de noir et de blanc. Le devant du cou et le dessous du corps, d'un fauve roussâtre ; le dessus de la tête et la partie postérieure du cou, de même couleur, avec des taches longitudinales noirâtres ; le dos brun-foncé ; pattes brunes. La femelle, un peu plus forte que le mâle, a les teintes rousses plus pâles.

Le passage a lieu en mai, en septembre et en octobre ; mais c'est surtout à cette dernière époque qu'on les trouve en plus grand nombre.

ÉCHASSE.

(*Himantopus me'anopterus.* Temminck.)

L'échasse, comme son nom l'indique, a des pattes d'une longueur extraordinaire et d'un rouge vermillon ; son

plumage est le blanc pur un peu rosé à la poitrine ; la nuque, le dos et les ailes sont noirs à reflets verdâtres ; le bec est noir.

La femelle, plus petite, a les pattes moins longues et les teintes du plumage moins pures.

L'échasse vient des régions orientales de l'Europe ; plus commune dans le midi que dans le nord de la France, elle passe au printemps et en automne.

Buffon, considérant la disproportion apparente des jambes de cet oiseau, qui supportent mal son petit corps, placé très-loin du point d'appui, et la brièveté de ses doigts, peu susceptibles de procurer une assiette solide, n'a vu, dans ce dessin mal assorti, qu'un reste des premières productions par lesquelles la nature ébauchait le plan de la forme des êtres. Manduyt n'approuve point cette manière de raisonner sur l'œuvre de la création, et il trouve plus convenable de supposer que la puissance suprême a tout vu, tout pensé, tout exécuté dans le même instant, sans faire de ces tentatives qui la rabaisseraient jusqu'à nous. Descourtils pense que la conformation de l'échasse est une preuve de la prévoyance jusque dans les petits détails de la création, car les modifications de la charpente des êtres organisés sont toujours en rapport avec le genre de leurs besoins. Il y aurait eu, ajoute-t-il, un défaut de dimension dans l'échasse, si elle avait été destinée à chercher sa pâture sur un terrain sec et aride ; mais ce sont les bords de la mer et les lieux inondés qu'elle fréquente ordinairement, et la longueur de ses jambes et de son cou lui donne la faculté de vivre dans l'eau et d'y plonger le bec pour en retirer les vers et les insectes ou leurs larves, qui se trouvent dans la vase.

Les échasses marchent lentement ; mais elles ont un vol rapide, et leurs longs pieds, tendus en arrière, suppléent à la brièveté de la queue et servent de gouvernail.

L'échasse est assez rare en France ; cependant on en trouve dans le Nord et surtout dans le Midi, au bord de la mer et près des marais salés.

AVOCETTE.

(Recurvirostra avocetta. LINNÉ.)

L'avocette a le bec noir, long, grêle, effilé, flexible et fortement recourbé en haut ; les pattes longues et grêles ; et le corps pas plus gros que celui d'un vanneau. Son plumage est blanc avec le haut de la tête, la partie postérieure du cou et le haut et le bas des ailes, d'un noir foncé.

La femelle diffère du mâle par une taille plus petite, un bec moins long et les teintes noires moins pures.

Cet oiseau est rare, et de passage en France dans les mois d'avril et de septembre ; il arrive par petites troupes, est extrêmement sauvage et ne se laisse pas facilement approcher.

« L'avocette, qui, à l'exception des membranes dont ses

pieds sont garnis, semble, par sa forme générale et son organisation, appartenir plutôt à l'ordre des échassiers qu'à celui des palmipèdes, a plusieurs traits de ressemblance avec le flamant ; mais l'arc recourbé en haut que présente son bec, la faiblesse et la flexibilité de cet organe, suffisent pour la distinguer de tous les autres oiseaux. La forme et l'organisation de ce bec, jugées peu favorables à la préhension des aliments, ont fait naître des doutes sur la manière dont l'instrument était employé par l'animal et sur la nature de son alimentation. Ce bec, dont la forme paraît si bizarre, a des avantages pour les explorations dans le sable, où son extrémité, presque membraneuse, lui fait sentir la qualité des matières qu'il touche, et lui donne le moyen de saisir les petits animaux, qu'il reconnaît à leur mollesse. Comme le fond qu'il sonde sans cesse est vaseux, son bec, d'une consistance à peu près pareille à celle de la baleine, est plus propre à sa destination que s'il était dur. La nature, qui semble d'abord l'avoir traité si mal, lui a encore fourni le moyen de chercher sa subsistance dans un plus grand espace, en munissant ses pieds de membranes à l'aide desquelles il se met à la nage lorsqu'il veut parcourir des endroits plus profonds ou saisir le frai de poisson dans l'écume des flots. »

Buffon fait observer qu'on trouve de la boue sur le croupion de la plupart des avocettes, et que les plumes de cette partie sont souvent usées par le frottement. Cela tient à l'habitude qu'elles ont d'essuyer leur bec sur cette partie ou de l'y loger pour dormir.

HUITRIER PIE.

(*Hœmatopus ostralekus.* Linné.)

« Les oiseaux qui sont dispersés dans les champs ou retirés sous l'ombrage des forêts, habitent les lieux les plus riants et les retraites les plus paisibles de la nature; mais elle n'a pas fait à tous cette douce destinée : elle en a confiné quelques-uns sur les rivages solitaires, sur la plage nue que les flots de la mer disputent à la terre, sur ces rochers contre lesquels les vagues viennent mugir et se déchirer. Dans ces lieux déserts et formidables pour tous les autres êtres, quelques oiseaux, tels que l'huîtrier, savent trouver la subsistance, la sécurité, les plaisirs même et l'amour. »

Cet oiseau, dont le plumage est blanc et noir, est surtout remarquable par son bec droit, très-long, robuste, aplati sur les côtés et terminé en coin.

L'huîtrier a le corps de la dimension de celui d'un gros pigeon; son bec est brun au tiers antérieur, et d'un jaune orangé aux deux tiers postérieurs. Son plumage pie est d'un noir lustré sur la tête, le cou, la poitrine, le haut du dos et une partie des ailes; le croupion et toutes les parties inférieures sont d'un blanc pur; pattes rouges; paupières nues et orangées.

Les huîtriers se trouvent sur les côtes de France, surtout

en automne et en hiver. Ils courent et volent très-vite, et ils flottent sur l'eau, quoique leurs pieds ne soient pas organisés comme ceux des oiseaux nageurs. Il est vrai que lorsqu'ils sont à l'eau, ils semblent se laisser aller à tous les mouvements des vagues, sans qu'on puisse voir comment ils peuvent se diriger.

Les huîtriers ne quittent pas les bords de la mer, dont ils suivent le flot ascendant ou descendant. Ils passent leur vie sur les grèves, les galets ou les falaises, fouillent sans cesse dans le sable humide pour s'emparer des vers et des petits mollusques à coquille. La conformation de leur bec leur donne les moyens d'ouvrir les huîtres, dont ils sont très-friands.

Le nom d'huîtrier leur est donc parfaitement applicable, et celui de pie leur convient d'autant mieux qu'indépendamment des teintes du plumage, leur cri est aussi analogue à celui de la pie.

CHEVALIERS.

Les chevaliers sont originaires du nord de l'Europe. Ils ont de grands rapports avec les barges et les bécassines. Leur bec est assez long, grêle, droit ou un peu renversé, dur à la pointe et flexible à la base. Ces oiseaux vivent généralement en troupes plus ou moins nombreuses dans les prairies humides, sur les bords des marais et des rivières, et surtout de la mer. On les voit souvent entrer dans l'eau jusqu'à mi-jambes, à la recherche des insectes, des petits poissons et des coquillages. Ils sont de passage au printemps, par le vent d'est, et à la fin de l'été, en août et septembre, par les vents du sud et sud-ouest. Le passage est très-court pour les bandes, et il faut en profiter. Les avant-coureurs et les traînards paraissent moins pres-

sés de partir. On a remarqué que les premiers qui passent sont tous mâles, et que les femelles passent après,
accompagnées des jeunes.

Les chevaliers sont sauvages, inquiets, et il est très-
difficile de les approcher. Il faut les surprendre dans les
joncs ou sur le bord des eaux. Ils aiment à s'abriter sous
les berges raides, et au moindre bruit ils passent sur la
rive opposée en rasant l'eau et en faisant entendre un petit cri aigu, ou bien décrivent un demi-cercle allongé,
pour aller prendre terre à cent cinquante ou deux cents
pas du point de départ. Leurs ailes anguleuses et leur cri
les font facilement reconnaître. Tous les chevaliers ne vivent pas en compagnie ; quelques-uns restent isolés ou
par couples. On les attire sur certains points favorables
des bords d'une rivière ou d'un étang en jetant sur la
terre humide des vers, des asticots, du frai de grenouille
et du très-petit poisson. Cette chasse présente de grandes
chances de succès à deux chasseurs qui prennent chacun
une rive ; et lorsque la rivière est large, il convient d'avoir
un troisième chasseur en bateau pour fouiller les herbes
des bords et suivre les chiens à la recherche des chevaliers démontés ; car, dans ce cas, quelques-uns plongent
très-bien, très-souvent, filent assez loin entre deux eaux
avant de reparaître, et finissent par rebuter ou fatiguer
les chiens les plus ardents. Un blessé dans la troupe produit de l'indécision dans le vol et des retours qui permettent de tirer plusieurs coups de fusil. Enfin, le battement de l'aile et les cris d'un de ces oiseaux blessés
attirent les autres et les engagent à peu s'éloigner ou à
revenir bientôt.

On rencontre dans les diverses parties de la France
neuf espèces de chevaliers de dimensions bien différentes.
Leur chair est justement estimée.

CHEVALIER ARLEQUIN.

(*Totanus fuscus.* MEYER.)

Cette espèce, connue aussi sous le nom de chevalier brun, a le plumage brun en dessus surtout, à la tête et au dos; le croupion est blanc, et la queue est barrée en zigzags de brun et de blanc; le dessous du corps est noirâtre; les ailes sont blanches en dessous; le bec est assez allongé, noir et rouge à la base de la mandibule inférieure; le tour des yeux blanc; les pattes d'un brun rouge. La femelle a les plumes de la poitrine et du ventre bordées de blanc. Longueur, 28 centimètres.

Le passage de cette espèce est peu nombreux; il a lieu au mois d'avril et en septembre. C'est un des plus sauvages du genre, et il ne voyage que par petites troupes de trois à huit individus, qui suivent les grands cours d'eau sans s'écarter beaucoup pour aller dans les marais du voisinage.

CHEVALIER GAMBETTE.

(*Totanus calidris.* VIEILLOT.)

De même taille à peu près que le précédent, le chevalier gambette ou chevalier aux pieds rouges, a le bec noir à la pointe et rouge à la base des deux mandibules. Son plumage varie du gris brun au brun olivâtre, avec des taches noires étroites et longitudinales sur les parties supérieures; les côtés de la tête, la gorge, le devant du cou, la poitrine et le ventre sont blancs tachés de brun noirâtre. Le croupion est blanc, et les pattes sont d'un beau rouge. Cet oiseau, assez commun et sédentaire dans le midi de la

France, est de passage dans le nord à la fin de mars et de septembre ; il aime à vivre en troupes, et tous ceux qui se trouvent dans une même localité se rassemblent au cri de l'un d'eux. Le chevalier gambette recherche les prés humides et les marais voisins de la mer; il est peu défiant et se laisse facilement surprendre ou attirer.

CHEVALIER STAGNATILE.

(*Totanus stagnatilis*. VIEILLOT.)

Le chevalier stagnatile ou chevalier à longs pieds, n'a guère que 22 centimètres de longueur. Il a le bec noir et les pattes d'un noir brun avec une teinte verdâtre aux articulations. Le plumage de cet oiseau est gris-roussâtre, varié de taches brunes. Le haut de la tête et le cou sont blancs, avec des raies longitudinales brunes ; la face, le devant du cou et le haut de la poitrine sont couverts de petites taches brunes, arrondies, et les flancs présentent des taches de même couleur, mais elles sont transversales. La gorge, le bas de la poitrine et le ventre sont d'un blanc pur. Cette espèce, originaire des contrées orientales de l'Europe, est rare et de passage irrégulier dans le nord et le midi de la France. On dit que le chevalier stagnatile nage avec une grande facilité et qu'il est peu sauvage.

CHEVALIER SEMI-PALMÉ.

(*Totanus semipalmatus*. DEGLAND.)

Cette espèce, la plus grande de toutes celles dont nous parlerons, car elle mesure 40 centimètres, habite l'Amérique du Nord et ne se montre que très-rarement en

France ; cependant comme on la rencontre quelquefois, nous avons cru devoir la citer. Le chevalier semi-palmé a la tête et le cou sillonnés de traits noirs et blancs ; le fond cendré qui s'étend sur le corps est parsemé de taches noires en fer de lance ; les parties inférieures sont blanches, avec des mouchetures noires sur la poitrine et des raies transversales de la même couleur sur les flancs ; les grandes pennes des ailes sont noirâtres et traversées par une bande blanche ; les pennes du milieu de la queue sont cendrées, avec des raies noires ; les extérieures sont blanches. Les pattes, noirâtres, ont les doigts réunis par une courte membrane ; le bec est gros et robuste.

CHEVALIER GUIGNETTE.

(*Totanus hypoleucos.* Vieillot.)

Le chevalier guignette a 15 ou 16 centimètres de longueur ; son bec est cendré et ses pattes sont d'un gris verdâtre. Les parties supérieures sont d'un brun olivâtre à reflets, avec une raie noire sur les baguettes, et des bandes transversales et en zigzag d'un brun plus foncé. La gorge et le ventre sont blancs ; les côtés du cou et de la poitrine rayés longitudinalement de brun ; la queue, très-étagée, est rayée de gris-brun, de blanc et de noirâtre. Une petite raie blanche au-dessus des yeux.

« Le chevalier guignette a le vol bas et saccadé ; il balance continuellement la queue, à la manière des bergeronnettes, ne voyage que de nuit, en suivant de préférence le rivage de la mer ; plonge très-bien et très-longtemps, pour éviter le chien, quand il est démonté. » (Hardy.)

Le chevalier guignette est défiant ; on l'approche difficilement et il part en criant plusieurs fois. On le rencontre en troupes dans toutes les parties de la France, au bord des eaux, sur les grèves et les prairies submergées : c'est un gibier assez estimé.

CHEVALIER ABOYEUR.

(*Totanus glottis.* Temminck.)

Le chevalier aboyeur a 32 ou 34 centimètres de longueur ; il a le bec brun, un peu retroussé et les pieds verdâtres ; la tête, les côtés et le devant du cou, et les côtés de la poitrine sont rayés longitudinalement de brun clair et de blanc. Les parties supérieures du corps sont d'un brun noirâtre, avec les plumes frangées de jaunâtre ; les grandes plumes des ailes sont brunes et à baguettes blanches ; la queue est blanche avec les plumes médianes rayées de brun ; le dos, le sourcil et la gorge sont blancs.

Le cri de ce chevalier ressemble à l'aboiement d'un petit chien. Il est de passage en France au printemps et en automne ; à la fin d'avril dans le Midi, en juin dans le Nord. Il voyage par paires, et on le trouve sur les bords graveleux des fleuves et des rivières ; il se laisse difficilement approcher et préfère les lieux découverts.

CHEVALIER CUL-BLANC.

(*Totanus ocropus.* Temminck.)

Le chevalier cul-blanc est sédentaire dans quelques parties de la France. On le connaît aussi sous les noms de *pivette,* de *sifflasson* et de *pécherole* ; il n'a pas plus de 20 à 22 centimètres de longueur ; son bec est noir et ses pattes sont vert-foncé ; les parties supérieures sont d'un

brun olivâtre à reflets, avec les plumes de la tête et
du cou frangées de blanc; celles du dos présentent un
grand nombre de petites taches blanchâtres sur leur bord;
les couvertures de la queue sont d'un blanc pur sans taches; la queue est blanche, avec quelques taches brunes
transversales; les parties inférieures blanches, avec des
taches d'un brun verdâtre au cou et à la poitrine; les paupières sont blanches, et une ligne de même couleur va
du bec à l'œil; les pennes des ailes noirâtres.

Ce chevalier est de passage au printemps et en automne;
il est plus solitaire que les autres espèces du genre; on le
trouve sur le bord des rivières, des ruisseaux, des marais,
dans les mares au milieu des bois. Sa chair est bonne,
mais moins estimée que celle du chevalier guignette.

CHEVALIER SYLVAIN OU DES BOIS.

(*Totanus glareola*. Temminck.)

Le chevalier sylvain est plus petit que le cul-blanc; il
ne mesure pas au delà de 16 centimètres. Le haut de
sa tête est noir, à l'exception d'une bande ferrugineuse
qui la traverse depuis le bec jusqu'à la nuque; une autre
bande pâle s'étend le long des sourcils, et une troisième
brune passe sous les yeux; le cou est varié de petites taches blanches, noires et brunes; les grandes pennes des
ailes sont entièrement noires, les moyennes ont du blanc
à l'extrémité; les couvertures des ailes et les pennes du
milieu de la queue sont mélangées de noir et de blanc;
les pattes, d'un vert obscur, n'ont pas de membranes; les
yeux sont placés très-haut, près du vertex.

Le sylvain est assez rare en France; on ne le trouve que

dans les marais boisés. Moins sauvage que les autres espèces, il se laisse assez facilement approcher.

CHEVALIER COMBATTANT.

(*Tringa pugnax*. Linné.)

Le plumage de cet oiseau varie trop de l'hiver à l'été pour qu'il ne soit nécessaire d'établir ces différences.

Le combattant a le bec brun et les pieds jaunes; sa longueur est 18 centimètres.

En hiver, les plumes de la tête et des parties supérieures sont d'un brun plus ou moins foncé et bordées de roux clair. Les couvertures des ailes et les pennes de la queue sont rayées de brun, de roux et de noir; la nuque, la gorge, le devant du cou et le ventre, d'un blanc pur; le front et la poitrine roussâtres.

En été, le plumage varie à l'infini; mais il est surtout remarquable au printemps par le développement extraordinaire des plumes de la nuque, de la gorge et du cou, qui forment une sorte de crinière épaisse et gonflée de couleur très-variée, à ce point qu'il y a peu d'individus semblables; les uns sont roux, noirs, blancs, jaunâtres ou gris; d'autres ont un grand nombre de taches ou de points noirs ou bruns sur un fond blanc; la tête se couvre de papilles rouges.

Les femelles ont un plumage plus clair et les plumes du cou ne forment jamais de crinière.

Non-seulement ces oiseaux, dit Buffon, se livrent entre eux des combats seul à seul, des assauts corps à corps, mais ils combattent aussi en troupes réglées, ordonnées et marchant l'une contre l'autre. Ces phalanges ne sont composées que de mâles, qu'on prétend être, dans cette espèce, beaucoup plus nombreux que les femelles. Celles-ci attendent à part la fin de la bataille et restent le prix de la victoire. L'amour paraît donc être la cause de ces combats, les seuls que puisse avouer la nature, puisqu'elle les occasionne et les rend nécessaires par un de ses excès, c'est-à-dire par la disproportion qu'elle a mise dans le nombre des mâles et des femelles de cette espèce.

Les plumes formant la collerette ne se développent qu'au commencement du printemps, et ne subsistent que pendant le temps des amours ; mais indépendamment de cette production singulière, la surabondance des molécules organiques se manifeste encore par l'éruption d'une multitude de papilles charnues et sanguinolentes qui s'élèvent sur le devant de la tête et autour des yeux. Cette double production suppose dans ces oiseaux une si grande énergie des puissances génératrices, qu'elle leur donne pour ainsi dire une autre forme plus avantageuse, plus forte, plus fière, qu'ils ne perdent qu'après avoir épuisé une partie de leurs forces dans les combats et répandu ce surcroît de vie.

« Je ne connais aucun oiseau, dit M. Baillon, en qui le physique de l'amour paraisse plus puissant que dans celui-ci ; aucun n'a les organes reproducteurs aussi développés par rapport à sa taille. On peut de là concevoir quelle doit être son ardeur guerrière, puisqu'elle est produite par son ardeur amoureuse et qu'elle s'exerce contre ses rivaux. J'ai souvent suivi ces oiseaux dans nos marais de basse Picardie, où ils arrivent au mois d'avril avec les chevaliers, mais en moindre nombre. Leur premier soin est de s'apparier ou plutôt de se disputer les femelles. Celles-ci, par de petits cris, enflamment l'ardeur des combattants. Souvent la lutte est longue et quelquefois sanglante. Le vaincu prend la fuite ; mais le cri de la première femelle qu'il entend lui fait oublier sa défaite, prêt à entrer en lice de nouveau si quelque antagoniste se présente. Cette petite guerre se renouvelle tous les jours le matin et le soir, jusqu'au départ de ces oiseaux, qui a lieu dans le courant de mai, car il ne nous reste que quelques traînards, et l'on n'a jamais trouvé de leurs nids dans nos marais. »

Cet observateur exact et très-instruit remarque que les combattants partent de la Picardie par les vents de sud et de sud-est, qui les portent sur les côtes d'Angleterre, où en effet on sait qu'ils nichent, particulièrement dans le comté de Lincoln. On en prend un grand nombre à l'aide de filets, et l'esclavage ne peut altérer en rien leur humeur guerrière. Dans les volières où on les renferme, ils vont présenter le défi à tous les autres oiseaux ; s'il est un coin de gazon vert, ils se battent à qui l'occupera ; et comme s'ils se piquaient de gloire, ils ne se montrent jamais plus animés que quand il y a des spectateurs. La crinière des mâles est non-seulement pour eux un ornement de guerre, mais une sorte d'armure, un vrai plastron qui peut parer les coups. Ces plumes tombent à la mue de fin de juin, comme si la nature n'avait paré ces oiseaux que pour la saison des amours et des combats. Les papilles vermeilles qui couvraient leur tête pâlissent, s'effacent et font place à des plumes. Dans cet état, on ne distingue plus guère les mâles des femelles. Le départ des lieux où ils ont fait leurs nids commence par les mâles ; les femelles, et les jeunes qu'elles attendent sans doute, n'émigrent qu'un mois plus tard ; il y a même des retardataires qui n'ont la force d'entreprendre le voyage que longtemps après le départ des premiers. (BUFFON.)

Le premier passage des combattants a lieu à la fin de mars et en avril, le second aux mois d'août et de septembre. Les mâles se mettent en route à la fin de juillet, les femelles et une partie des jeunes en septembre, les retardataires en octobre; mais alors ces oiseaux, n'ayant plus de collerette, sont en quelque sorte confondus avec les autres bécasseaux qui passent en même temps qu'eux.

BÉCASSE.

(*Scolopax rusticola*. Linné.)

La bécasse est un des oiseaux les plus recherchés par les chasseurs. Un peu moins grosse que la perdrix, elle a le bec long, droit, grêle, comprimé, renflé et mou à la pointe, et d'une teinte cendrée rougeâtre; sa tête est plus carrée que ronde, et forme un angle presque droit sur les

orbites; son plumage, sur les parties supérieures, est brun-marron brillant, varié de roux, de fauve, de cendré, avec des taches noires; sur le sommet de la tête, une bande transversale noire; une autre à l'occiput et deux autres à

9

la nuque ; une bande brune s'étend du bec à l'œil et une autre se remarque sur les côtés du cou. Le dessous du corps est roux-fauve, traversé de raies brunes en zigzags. La gorge est blanchâtre ; le devant du cou et les côtés de la poitrine sont variés de brun et de roux plus foncés. Les plumes des ailes sont rayées de roux et de noir sur leurs barbes extérieures ; la queue est teintée de gris en dessus, à l'extrémité, et de blanc en dessous ; les pattes grises et courtes.

La femelle est généralement plus grosse que le mâle ; ses couleurs sont plus ternes ; elle présente quelques taches blanchâtres à la partie supérieure des ailes, et la première penne de l'aile est jaunâtre et sans taches sur la barbe externe. La bécasse présente quelques variétés de plumage ; ainsi, on en trouve d'une teinte beaucoup plus claire, de rousses, d'isabelles et même de blanches.

On remarque aussi des bécasses de différentes tailles, et que certains chasseurs considèrent à tort comme devant former trois espèces sous les noms de grande, moyenne et petite bécasse. La première de ces variétés, ou grande bécasse, est d'un cinquième plus grosse que la seconde ou bécasse commune ; son plumage est plus foncé et ses pattes sont d'un gris légèrement rosé ; elle est de passage avant les autres. La troisième enfin, plus petite, a le plumage très-foncé et les pattes bleues ; elle termine le passage de la saison. Les différences de plumage sont accidentelles ; celles de taille sont locales, et ce mot ne s'applique pas aux pays que visitent les bécasses, mais bien à ceux où elles naissent et qui, plus ou moins élevés, humides, froids ou peu abrités, peuvent déterminer des modifications dans le développement de ces oiseaux. On peut ajouter que les petites bécasses sont celles des couvées tardives qui ne voyagent qu'après leur première mue.

La bécasse est répandue dans toute l'Europe, et l'on peut même dire dans l'ancien et le nouveau monde ; elle habite en été les forêts des montagnes élevées, et elle descend en automne par les vents d'est et de nord-est, surtout quand il y a du brouillard, dans les plaines boisées ; elle voyage beaucoup et pendant la nuit, s'arrête peu de temps dans la même localité, y revient quelquefois par hasard, traverse du nord au midi, de l'est à l'ouest, réglant son inconstance sur l'inconstance de la saison et des vents ; cherche sans cesse un climat plus doux, une alimentation plus facile, et dès que les grands froids sont passés et que le dégel commence, elle revient sur ses pas, dans la direction de ses montagnes, s'arrête pendant le jour dans les bois qui lui conviennent sur sa route, et arrive enfin dans les lieux où elle doit passer l'été et se reproduire.

Le passage d'automne commence généralement vers le 15 octobre ; il est plus ou moins nombreux, suivant le temps, et dure un mois environ. A cette époque ces oiseaux sont gras et justifient leur bonne réputation ; il n'en est pas *toujours* de même au passage du printemps, car déjà amoureux et *souvent appareillés*, ils sont maigres, ont un fumet très-prononcé et peu agréable, et n'ont guère de la bécasse que le plumage et le nom.

Dans les grandes forêts accidentées, on trouve des bécasses, en petit nombre il est vrai, pendant toute la durée de la chasse, et l'on a même quelques exemples du séjour prolongé et de la reproduction de ces oiseaux dans certaines localités. Ils se cantonnent dans les parties qui leur offrent du terreau et particulièrement dans celles où les feuilles ont formé une couche qui conserve la terre humide à la surface et abrite beaucoup de vers, qu'ils savent parfaitement trouver en retournant les feuilles avec leur bec. Ils ont besoin de se nettoyer souvent le bec et les pattes après leurs repas, qui se composent de vers, de petites limaces et d'insectes : aussi faut-il qu'ils trouvent de l'eau à peu de distance, et un ruisseau préférablement à de l'eau dormante.

Pendant le jour la bécasse reste cachée sous bois et se laisse facilement approcher et arrêter par un chien couchant. Au départ elle est lourde ; mais arrivée à une certaine hauteur, elle file assez vite, en faisant de nombreux crochets pour éviter les arbres ; son vol est peu soutenu, et elle s'abat si brusquement et en plongeant qu'on croirait qu'elle tombe morte ou blessée ; elle gagne de suite à pattes, mais s'éloigne peu du lieu où elle s'est posée : aussi la relève-t-on facilement. Démontée, elle ruse et se dérobe à pattes, et il faut un bon chien pour la retrouver.

« Il paraît, dit Buffon, que cet oiseau, avec de grands yeux, ne voit bien qu'au crépuscule, et qu'il est offensé d'une lumière plus forte : c'est ce que semblent prouver ses allures et ses mouvements, qui ne sont jamais si vifs qu'à la nuit tombante et à l'aube du jour ; et ce désir de changer de lieu avant le lever ou après le coucher du soleil est si pressant et si profond, qu'on a vu des bécasses renfermées dans une chambre prendre régulièrement un essor de vol tous les matins et tous les soirs, tandis que pendant le jour ou la nuit, elles ne faisaient que piéter sans s'élancer ni s'élever ; et apparemment les bécasses dans les bois restent tranquilles quand la nuit est obscure ; mais lorsqu'il y a clair de lune, elles se promènent en cherchant leur nourriture : aussi la pleine lune de novembre est-elle nommée par les chasseurs *la lune des bécasses,* parce que c'est alors que ces oiseaux sont le plus en mouvement.

La bécasse ne gratte point la terre avec ses pattes ;

elle détourne seulement les feuilles avec son bec, les jetant brusquement à droite et à gauche. Il paraît qu'elle cherche et reconnaît sa nourriture par l'odorat plutôt que par les yeux, qui sont mauvais ; mais la nature semble lui avoir donné dans l'extrémité du bec un organe de plus et un sens particulier approprié à son genre de vie : la pointe en est charnue plutôt que cornée, et paraît susceptible d'une espèce de tact propre à démêler l'aliment convenable dans la terre fangeuse ; et ce privilége d'organisation a de même été donné aux bécassines et autres oiseaux qui fouillent la terre humide pour trouver leur pâture. » (BUFFON.)

La bécasse est le gibier qui se conserve le mieux et le plus longtemps ; son fumet est particulier et beaucoup de chiens ne veulent pas la rapporter. On chasse la bécasse au chien d'arrêt dans les taillis de cinq ou six ans ; on en tue un grand nombre à la passe, le soir et le matin, dans les bois bien percés qu'elles fréquentent ; pour faire cette chasse il faut se poster sur une route assez large, dans un bas-fond, faire face à la lumière et attendre en silence le passage de ces oiseaux. On les chasse aussi en battue pendant le jour. Dans ce cas, quand les rabatteurs ont fait lever une bécasse qui n'a pu être tirée ou a été manquée, il faut bien remarquer la remise et aller la relever. Cette mesure, en usage pour les perdrix qui ne quittent pas le canton où elles sont nées, doit être bien moins négligée encore pour les oiseaux de passage, qu'on n'est jamais sûr de retrouver le lendemain.

La bécasse passe pour un oiseau stupide et semble mériter cette réputation, car elle donne facilement dans tous les piéges possibles.

9.

BÉCASSINES.

Les bécassines ressemblent beaucoup aux bécasses ; mais elles en diffèrent par leurs habitudes, leur corps moins gros, leurs jambes plus hautes et sans plumes dans leur partie inférieure. Elles recherchent les marais, les prairies humides, les herbages et les oseraies qui bordent les ruisseaux et les rivières. Elles se nourrissent de vers et de larves d'insectes aquatiques. Les bécassines sont originaires des contrées du Nord, et elles passent en France au printemps et en automne ; elles fuient les grands froids pour se diriger vers le sud. Les bécassines vivent isolées ou par deux ou trois ; elles ont le vol très-rapide et très-irrégulier au départ ; mais après avoir fait deux ou trois crochets, leur vol devient direct. Au moment où une bécassine se lève, on doit la tirer promptement et au cul-lever, si elle est à distance, car il faudrait attendre qu'elle eût fait ses crochets, et, dans ce cas, elle serait hors de portée ; si, au contraire, elle part de près, on lui laisse faire ses crochets, et on ne la tire que lorsque son vol est direct ; mais comme on est exposé à tirer à des distances différentes, pour assurer le succès de la chasse et ne pas abîmer son gibier, il convient de charger un des canons de son fusil avec du plomb n° 8, et l'autre avec du plomb n° 6 ; on pourra alors faire face à toutes les éventualités. Il est néanmoins difficile de bien tirer ces oiseaux, qu'il faut chasser à faux vent, contrairement au principe, parce que, cherchant à voler contre le vent, ils font leurs détours sans s'éloigner beaucoup et reviennent sur le chasseur de façon à rester assez longtemps à portée du plomb ; enfin, l est généralement plus sûr d'attendre le vol direct, parce qu'il suffit d'un seul plomb bien logé pour les abattre.

DOUBLE BÉCASSINE.

(*Scolopax major*. GMELIN.)

La grande ou double bécassine n'est pas très-commune en France ; elle ne diffère guère de la bécassine ordinaire que par un peu plus de taille, car le plumage de ces deux espèces est à peu près le même ; cependant la première a seize pennes à la queue, et la baguette de la première rémige est blanchâtre, tandis que la seconde n'a que quatorze pennes à la queue, et toutes les baguettes des remiges sont brunes.

La double bécassine a aussi le vol moins accidenté, plus lent et plus droit, et elle recherche les eaux claires et le

bord des rivières préférablement aux eaux dormantes et fangeuses des marais ; enfin, son cri est un peu différent de celui de la bécassine ordinaire.

La double bécassine a sur la tête deux bandes longitudinales noires séparées par une bande d'un blanc jaunâtre

et encadrées par des sourcils allongés de même nuance ;
les parties supérieures sont variées de noir et de roux
clair ; les parties inférieures sont d'un roux blanchâtre ;
le ventre et les flancs rayés de bandes noires. Le bec est
rougeâtre et brun à sa pointe ; les pieds, d'un cendré verdâtre.

BÉCASSINE COMMUNE.

(*Scolopax gallinago*. Linné.)

La bécassine commune mesure 25 centimètres ; le
gris-blanc, le noir et le roux sont les seules nuances de
son plumage ; sur la tête se trouvent trois bandes longitudinales d'un fauve clair séparées par deux bandes noires.
Les plumes des parties supérieures sont variées de brun et
de noir et bordées en dehors de fauve, de manière à former
sur le dos de longues raies de cette dernière couleur. La
gorge est blanchâtre, la poitrine fauve varié de brun ; les
flancs gris, avec des bandes transversales noirâtres sur
chaque plume ; le ventre blanc. Le bec est long, brun-jau-
nâtre dans les deux tiers de son étendue, noir, aplati et
rugueux à son extrémité ; les pattes, d'un vert pâle.

Cet oiseau est très-commun partout ; il est de passage en
France au printemps et en automne, et c'est à cette dernière époque qu'il est gras et recherché comme un très-
bon gibier. Les bécassines se répandent dans les prairies
humides, les marais, sur le bord des eaux stagnantes, et
elles font entendre, quand elles volent, un cri répété, *mée,
mée, mée*, qu'on a comparé avec quelque raison à celui
de la chèvre, mais qui au moment où elles s'enlèvent est
beaucoup moins fort, plus court et comme sifflé.

Mieux que la précédente, la bécassine tient l'arrêt du

chien et se laisse assez facilement approcher, surtout si le temps est gris et le ciel sombre.

Sous le nom de bécassine sabine (*scolopax Sabinii*), M. Temminck décrit un oiseau qui diffère de la bécassine commune par l'absence de teinte blanche sur le plumage ; ce n'est probablement qu'une variété.

BÉCASSINE SOURDE.

(*Scolopax gallinula.* LINNÉ.)

La sourde, ou petite bécassine, est un peu plus grosse qu'une alouette ; elle a la partie supérieure de la tête d'un beau noir varié de petites taches fauves ; deux bandes longitudinales, l'une fauve et l'autre noire, partent du bec et vont jusqu'à l'occiput. Entre l'œil et le bec, on remarque aussi une petite ligne noire ; les parties supérieures ont

les plumes variées de fauve et de noir à reflets violets et dorés, et d'un aspect soyeux. Sur le dos et les couvertures des ailes quatre bandes longitudinales d'un fauve clair ; le ventre blanc ; les pattes verdâtres.

« Cet oiseau se tient sous les roseaux et les joncs desséchés des marais, et elle s'y tient si obstinément cachée qu'il faut presque marcher dessus pour la faire lever, et qu'elle part sous les pieds comme si elle n'entendait rien du bruit qu'on fait en venant à elle. C'est de là que les chasseurs, trompés par l'apparence, l'ont désignée sous le nom de *sourde*. » (BUFFON.)

La sourde est assez commune en France, où elle est de passage périodique ; elle arrive et part en même temps que la bécassine. Sa chair est justement estimée et elle prend beaucoup de graisse en automne ; son vol est moins irrégulier que celui des autres espèces du même genre.

BÉCASSEAUX.

Les bécasseaux ont le bec beaucoup plus court que celui des bécassines ; il est seulement aussi long ou un peu plus long que la tête, flexible, arrondi, un peu arqué dans quelques espèces et dilaté à sa pointe ; les pattes grêles, les ailes longues et très-aiguës. Ils habitent le bord des eaux et les marais, et se trouvent en assez grand nombre sur le bord de la mer.

Ces oiseaux, de petite taille, vivent en bandes toujours peu nombreuses ; ils cherchent leur nourriture dans la vase, dans le sable, à marée basse, dans les détritus rejetés par les vagues. Ils se nourrissent d'insectes, de larves et de petits vers et mollusques. On les approche assez facilement le matin et le soir, et quelques espèces, quand elles sont grasses, ont une chair agréable et délicate.

La distinction des espèces n'est pas toujours facile, à cause des variétés nombreuses que présente le plumage aux diverses époques de l'année ; cependant nous donnerons en peu de mots les caractères principaux des espèces.

BÉCASSEAU MAUBÈCHE.

(*Tringa canutus.* Linné.)

La maubèche a le bec d'un noir verdâtre ; il est droit, un peu plus long que la tête et renflé à l'extrémité. La gorge et le ventre d'un blanc pur ; les sourcils, le front, les côtés et le devant du cou, la poitrine et les flancs blancs, mais variés de petits traits bruns et de bandes transversales d'un brun cendré. La tête, le cou, le dos et les scapulaires d'un cendré clair avec les baguettes brunes ; le croupion et les couvertures de la queue blancs avec des croissants noirs ; les pattes d'un vert noirâtre. Longueur, 0^m,23 à 25.

BÉCASSEAU COCORLI.

(*Tringa subarquata.* Temminck.)

Le cocorli a le bec noir, arqué et beaucoup plus long que la tête. Il a le front, les sourcils, la gorge, le dessus de la queue et le ventre blancs. Entre l'œil et le bec on remarque une raie brune. Le dessus de la tête, le dos et les couvertures des ailes d'un brun cendré avec un petit trait plus foncé sur les baguettes. La nuque, le devant du cou et la poitrine ont les plumes rayées de brun et bordées de blanchâtre. Pattes d'un cendré noirâtre. Longueur, 0^m,21 à 23.

BÉCASSEAU TEMMIA.

(*Tringa Temminckii.* Leisler.)

Cet oiseau assez rare a le bec brun, plus court que la tête, et très-faiblement incliné à la pointe. Les parties supérieures sont d'un brun foncé ; la poitrine et le devant du cou d'un cendré roussâtre ; la gorge et le ventre d'un blanc pur ; le dessus de la queue blanc sur les côtés et noirâtre au centre ; pattes brunes. Longueur, 0^m,12 à 13.

BÉCASSEAU VIOLET.

(*Tringa maritima.* BRUNN.)

Le bécasseau violet a le bec rougeâtre à la base et noir à l'extrémité ; il est plus long que la tête et très-faiblement incliné à la pointe. Il a le dessus de la tête et du corps d'un noir violet, avec les plumes du dos et les scapulaires bordées et terminées de blanc et de roux ; le dessous du corps est blanc-cendré, avec des taches lancéolées noirâtres. Longueur, 0^m,20.

BÉCASSEAU CINCLE OU BRUNETTE.

(*Tringa cinclus.* BRISSON.)

La brunette, connue aussi sous le nom de tringa à collier, a le bec noir, un peu plus long que la tête, droit et très-légèrement incliné à la pointe. Le dessus du corps est roux-ferrugineux tacheté de noir ; le bas du cou et le haut de la poitrine blancs très-faiblement striés de brun ; le ventre noir ; les plumes de cette partie liserées de blanc ; pattes noirâtres. Longueur, 0^m,18 à 19.

BÉCASSEAU PLATYRHINQUE.

(*Tinga platyrhincga.* TEMMINCK.)

Ce petit bécasseau a le bec noir, plus long que la tête, déprimé et rougeâtre à la base et faiblement courbé à la pointe. Il a sur la tête deux bandes longitudinales rousses, séparées par une bande noire. Le dessus du corps noir, avec les plumes bordées de roux et nuancées de grisâtre; les sourcils, les joues et la gorge blanches piquetées de brun; le cou et la poitrine d'un blanc roussâtre avec quelques taches noires; le ventre blanc; les flancs couverts de larges taches brunes; pattes vert cendré. Longueur, $0^m,14$.

BÉCASSEAU ÉCHASSE OU MINULE.

(*Tringa minuta*. LEISLER.)

Le bécasseau minule a le bec noir, droit, plus court que la tête et la queue doublement fourchue; les plumes des parties supérieures sont cendrées, avec les baguettes brunes; une raie brune entre l'œil et le bec; la gorge, le devant du cou, la poitrine et le ventre blancs; les côtés de la poitrine d'un roux cendré; pattes noires. Longueur, $0^m,12$.

BÉCASSEAU VARIABLE OU SANDERLING.

(*Tringa arenaria*. GMELIN.)

Le sanderling a le bec noir, de la longueur de la tête, droit, un peu élargi à la pointe; il a le dessus du corps et les côtés du cou d'un cendré blanchâtre, avec un trait gris sur chaque plume; la face, la gorge et tout le dessous du corps d'un blanc pur.

A la suite des bécasseaux, nous croyons devoir parler d'un oiseau de rivage qui a beaucoup de rapports avec

10

eux, mais qui en diffère par ses habitudes et quelques caractères importants.

TOURNE-PIERRE A COLLIER.

(*Strepsilas collaris*. TEMMINCK.)

Le tourne-pierre a le bec noir, court, conique, droit et légèrement courbé en haut. Le plumage de cet oiseau est assez remarquable pour le faire reconnaître ; il est blanc, mais une bande noire passe sur le front, descend de chaque côté de la gorge en s'élargissant et forme un large plastron sur le devant du cou et les côtés de la poitrine ; le derrière de la tête est un peu roussâtre et rayé longitudinalement de noir ; le dessus du corps est d'un roux marron vif, tacheté de noir ; pattes rouges. Longueur, 0^m,20.

Cet oiseau, de passage en France sur les côtes de la mer, ne voyage que par paire ou isolément ; il est plus sédentaire que les chevaliers et les bécasseaux, et moins remuant qu'eux. Pour chercher sa nourriture, qui se compose de vers, d'insectes et de petits mollusques, il retourne habilement, avec son bec, toutes les petites pierres du rivage. On l'approche assez facilement le matin et le soir ; mais dans le milieu du jour, il part de loin et très-vite, sans s'éloigner beaucoup, et finit par épuiser la patience du chasseur.

RALES.

Les râles ont le corps grêle et comme aplati sur les flancs : leur queue est très-courte, leur tête petite et leur bec assez allongé ; ils ont les pattes longues sans être grê-

les, et ils les laissent pendre en arrière lorsqu'ils volent ;
leurs ailes sont petites et fortement concaves : aussi leur
vol est-il lourd et court.

Ces oiseaux sont généralement solitaires et se tiennent
constamment cachés dans les herbes ou les roseaux. Pour
fuir, ils emploient plus la marche que le vol, et leurs jambes robustes, pour la force de leurs corps, les mettent souvent à l'abri du danger, si le chien d'arrêt qui est sur leur
piste les mène trop *prudemment*.

Le nom de râle a été donné à ces oiseaux à cause du
cri désagréable qu'ils font entendre. Les râles aiment les
lieux bas, humides et couverts. A l'exception du râle de
genêt qu'on trouve dans les prairies artificielles et les prés,
les râles habitent les marais et les étangs. Cette différence
d'habitat et sans doute aussi celle de nourriture, donnent à
la chair de ces oiseaux des qualités bien différentes : le
râle de genêt est un excellent gibier, les râles d'eau ont
un goût de marais fort désagréable.

RALE DE GENÊT.

(*Rallus crex*. LINNÉ.)

Cet oiseau est connu aussi sous le nom de *roi de cailles*.
Dans les prairies humides, dit Buffon, dès que l'herbe est
haute et jusqu'au temps de la récolte, il sort des endroits
les plus touffus de l'herbage une voix rauque ou plutôt un
cri bref et sec, *crëk, crëk, crëk,* assez semblable au bruit
que produirait en passant et en appuyant fortement le
doigt sur les dents d'un gros peigne. Et lorsqu'on s'avance
vers cette voix, elle s'éloigne, et on l'entend partir de cinquante pas plus loin : c'est le râle de genêt qui jette ce cri,
que l'on prendrait de loin pour le croassement d'un rep-

tile. Cet oiseau fuit rarement au vol, mais presque toujours
en marchant avec vitesse. On commence à l'entendre dans
les premiers jours de mai, dans le même temps que les
cailles, qu'il semble accompagner en tout temps, car il arrive et repart avec elles. Comme elles aussi, il habite les
prairies, mais il y vit solitaire et il est beaucoup moins
commun ; de là on a cru pouvoir conclure que le râle se
mettait à la tête des bandes de cailles comme conducteur
ou comme chef de leurs voyages, et c'est ce qui lui a fait
donner le nom de roi des cailles ; mais il diffère essentiellement de ces oiseaux par son organisation, dont les caractères sont ceux des autres râles, et en général ceux des
oiseaux de marais.

La râle de genêt a le bec brun-rougeâtre, plus court que

la tête, presque conique, très-élevé à la base, et très-
comprimé dans le reste de son étendue. Son plumage est
brun, lavé de roussâtre, les parties inférieures plus claires
que les supérieures. Pattes d'un brun rougeâtre. Longueur,
0^m,25.

Lorsqu'un chien rencontre un râle, on peut le reconnaître à la vivacité de sa quête, aux faux arrêts multipliés,

aux bonds courts et précipités qu'il fait, à l'opiniâtreté avec laquelle l'oiseau tient et se laisse quelquefois serrer de si près qu'il se fait prendre ; souvent il s'arrête dans sa fuite et se blottit, de sorte que le chien, emporté par son ardeur, passe par dessus et perd sa trace ; le râle profite de cet instant d'erreur pour revenir sur sa voie et il donne facilement le change. Il grimpe même quelquefois dans une haie, un buisson, et semble épuiser toutes les ruses possibles avant de se décider à se servir de ses ailes, car il ne part qu'à la dernière extrémité. Son vol lourd ne le porte jamais loin : on en voit ordinairement la remise; mais c'est presque toujours inutilement qu'on va le relever, car il s'est déjà éloigné à plus de cent pas lorsque le chasseur arrive. Il sait donc suppléer par la rapidité de sa marche à la lenteur de son vol. Mais quand arrive le moment du départ pour d'autres contrées, il trouve, comme la caille, des forces inconnues pour fournir aux besoins de sa longue traversée; il prend son essor la nuit, et, secondé par un vent propice, il se porte dans nos provinces méridionales et passe en Afrique.

Les râles se tiennent dans les prairies jusqu'après la coupe des foins, et ils s'y nourrissent d'insectes, de limaçons et de vers, qui sont les aliments exclusifs des petits, tandis que les adultes mangent aussi diverses graines et surtout celle du trèfle et du genêt. Ces oiseaux, moins féconds que les cailles, ne pondent que neuf ou dix œufs tachetés de brun-roux sur un fond d'un jaune brunâtre. Le nid du râle est fait avec un peu de mousse ou d'herbe sèche, dans un petit enfoncement du sol bien abrité.

Cet oiseau, ordinairement très-gras, est considéré comme un excellent gibier; mais il se garde peu et doit être mangé peu de temps après avoir été tué.

Le motif qui pousse le râle vers le Nord s'explique par

le besoin d'une nourriture particulière et par l'attrait de la fraîcheur des prairies.

RALE D'EAU.

(*Rallus aquaticus*. Linné.)

Le râle d'eau a le bec rouge et comprimé à la base, et noir et presque cylindrique à l'extrémité ; il est plus long que la tête. Le dessus de la tête et du cou, le dos et le croupion sont couverts de plumes dont le centre est noirâtre et dont les bords sont d'un roux olivâtre ; les joues, la gorge, le devant du cou, la poitrine et le haut du ventre

LESESTRE.

BEVALET.

sont d'un cendré bleuâtre ; les côtés sont noirs, avec des raies blanches ; le bas-ventre est gris-cendré ; la queue noire, variée de roux sur les bords. Longueur, 0m,25.

Le râle d'eau ne quitte pas les marais ou les étangs ; il a la marche rapide et nage parfaitement ; souvent il tra-

verse un étang en courant sur les feuilles ou les roseaux
qui surnagent. Comme le râle de genêt, il ruse avec succès,
et quelquefois il faut le chercher sur le tronc d'un saule ou
sur les basses branches d'un arbre.

Le râle d'eau est un pauvre gibier; sa chair sent toujours le marais et elle est peu estimée.

RALE MAROUETTE.

(Rallus porzana. Linné.)

La marouette ou râle perlé a le plumage d'un brun
olivâtre tacheté de blanc et comme émaillé; son bec est
jaunâtre, et rouge à la base, et ses pattes sont brunes nuancées de jaunâtre. « Elle paraît dans la même saison que
le râle d'eau, habite les étangs marécageux, se cache et
niche dans les roseaux. Son nid, en forme de gondole, est
composé de joncs qu'elle sait entrelacer et pour ainsi dire
amarrer par un des bouts à une tige de roseau, de
sorte que le petit berceau flottant peut s'élever et s'abais-
ser avec l'eau. La ponte est de sept ou huit œufs; les petits, en naissant, sont tout noirs; leur éducation est courte,
car dès qu'ils sont éclos ils courent, nagent, plongent, et
se séparent bientôt; chacun va vivre seul; aucun ne se
recherche, et cet instinct solitaire et sauvage prévaut
même dans le temps des amours; car, à l'exception des
instants de l'approche nécessaire, le mâle se tient écarté
de sa femelle, sans prendre auprès d'elle aucun des tendres soins des oiseaux amoureux. sans l'amuser ni l'é-
gayer par le chant; tristes êtres qui ne savent pas respirer
près de l'objet aimé; amours encore plus tristes, puisqu'elles n'ont pour but qu'une froide loi de nature. »
(Buffon.)

Comme tous les râles, la marouette tient si fort devant les chiens que souvent le chasseur peut la saisir avec la main ou l'abattre avec un bâton. S'il se trouve un buisson sur sa route, pendant sa fuite, elle y monte, et du haut de cet asile elle regarde passer les chiens en défaut. Elle plonge, nage et même coule entre deux eaux lorqu'il faut se dérober à l'ennemi.

La marouette a une chair assez délicate quand elle est grasse, et on la considère comme un assez bon gibier.

RALE POUSSIN.

(*Rallus pusillus*. Pallas.)

Cette espèce, plus généralement connue sous le nom de poule d'eau poussin, a les parties supérieures d'un gris olivâtre, avec des taches noires au dos et des traits blancs; les parties inférieures sont d'un gris bleuâtre sans tache, et le bas-ventre roussâtre; le bec vert, ainsi que les pieds. Longueur, 0^m,18.

Cet oiseau a les mêmes habitudes que les autres râles, et dans le midi de la France on lui donne le nom de crève-chien, à cause des ruses qu'il sait employer pour fuir.

RALE BAILLON.

(*Rallus Bailloni*. VIEILLOT.)

Ce râle a les parties supérieures d'un roux olivâtre, varié de stries noires à la tête et au cou, de noir plus profond et de taches irrégulières blanches sur le dos. Le dessous du corps est d'un cendré bleuâtre au printemps, et blanc en automne; la poitrine et les flancs ondés transversalement de brun-olivâtre; le bec est vert-foncé et les pattes sont d'un vert livide. Longueur, $0^m,16$.

Les habitudes de cet oiseau sont les mêmes que celles des autres râles.

POULE D'EAU.

(*Gallinula chloropus*. LINNÉ.)

La poule d'eau a la tête, la gorge et tout le dessous du corps d'un bleu ardoisé; le dessus est d'un vert olive foncé; le bord des ailes est blanc, et les plumes des flancs sont aussi marquées de plaques blanches, au milieu desquelles se trouve une tache noire. Le bec est jaune à la pointe, rouge à sa base, et, sur le front, on remarque une plaque nue et rouge; pattes vert-jaunâtre, le bas de la jambe entouré d'un cercle rouge; les doigts sont longs, et garnis, sur les côtés, d'une bordure membraneuse qui ne les réunit pas. Longueur, $0^m,32$ à 33.

La poule d'eau se trouve dans toutes les parties de la

France ; elle habite de préférence les marais boisés et les étangs couverts de roseaux. Cet oiseau, assez timide, reste caché pendant la plus grande partie du jour dans les excavations formées par les racines des saules ou sous les roseaux, et ne se montre guère que le matin et le soir. On le voit alors courir très-légèrement sur les herbes flottantes et sur les plantes aquatiques. Il nage pour traverser un étang et plonge avec une grande facilité pour se dérober à la vue du chasseur ; mais il ne peut rester longtemps sous l'eau, et, obligé de venir respirer à la surface, il lève

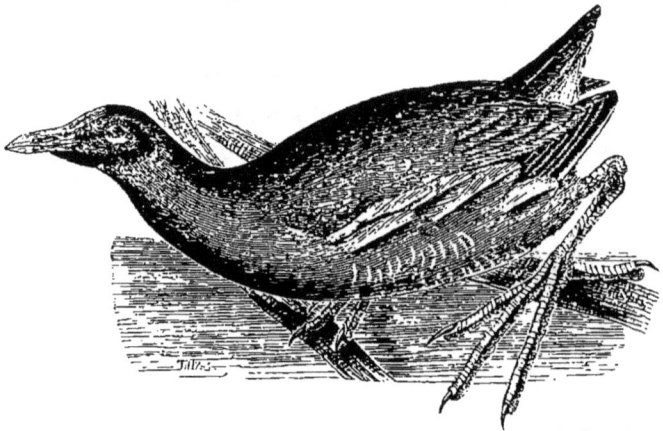

seulement sa tête au-dessus de l'eau, et reste ainsi jusqu'au moment où la crainte du danger est passée.

La poule d'eau établit son nid très-habilement pour le mettre à l'abri des surprises, et, dès leur naissance, les petits suivent leur mère et ne mettent pas beaucoup de temps à se développer : aussi les poules d'eau font-elles deux ou trois couvées. Ces oiseaux craignent le froid, et pendant l'hiver recherchent les eaux à l'abri de la gelée. La poule d'eau grimpe parfaitement sur les arbres inclinés, et, poursuivie par un chien, elle prend souvent son vol et s'arrête sur le tronc d'un saule, où elle se laisse alors facilement approcher par le chasseur.

La chasse de la poule d'eau ne peut être faite avec succès qu'à l'affût, le soir et le matin. Cependant il y a des chiens qui, les poussant assez vite, les suivent sous l'eau lorsqu'elles plongent, et parviennent ainsi à les faire lever devant le chasseur. Leur vol est bas, lourd, très-court, et elles laissent pendre leurs pattes.

FOULQUE.

(*Fulica atra.* Linné.)

Cet oiseau est aussi connu sous les noms de macroule, de morelle, de judelle; il est très-commun sur les grands étangs de toutes les parties de la France; il a le dessus du corps noir, le dessous est gris foncé. On reconnaît facilement les foulques à la large plaque cartilagineuse blanche qui couvre leur front. Bec blanc rosé; pattes vertes, teintées de jaune, avec une jarretière rouge-verdâtre; doigts libres et garnis d'une membrane festonnée. Longueur, $0^m,35$ à 40.

Dans certaines parties du midi de la France, on donne aux foulques le nom de macreuse.

Les foulques se trouvent ordinairement en grand nombre sur les étangs et quittent rarement l'eau pour la terre; elles nagent avec une grande facilité, plongent très-rapidement, et sont très-sauvages. On les surprend quelquefois dans les roseaux des bords; mais elles se dérobent en nageant, et ne se décident à prendre vol que lorsqu'elles y sont contraintes. La chasse des foulques se fait en bateau, et pour qu'elle soit fructueuse, il faut plusieurs embarcations portant chacune deux ou trois chasseurs. Cet amusement présente nécessairement quelques dangers pour les tireurs, et il est bon de n'admettre que des chasseurs prudents et habitués à tirer en bateau. Pour faire cette chasse, il faut que tous les bateaux, distribués en ligne et à quelque distance les uns des autres sur le bord le plus étroit de l'étang, soient dirigés lentement sur le côté opposé vers lequel on pousse toutes les foulques. De temps à autre on trouvera bien l'occasion d'en tirer une ;

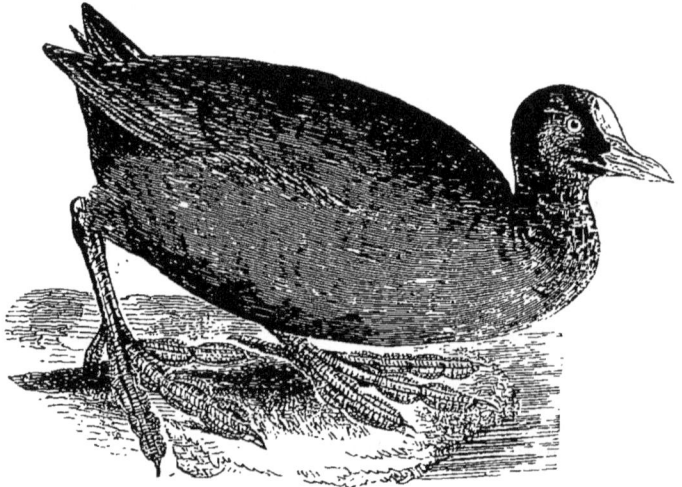

mais le véritable temps de la chasse ne commence que lorsque la ligne de bateaux arrivant à quelque distance de la retraite où se sont réfugiées les foulques, elles sont obligées de se lever presque toutes en même temps et de passer au-dessus des chasseurs pour se diriger vers le milieu de l'étang. En faisant plusieurs fois cette manœuvre pendant la journée, on peut en tuer un grand nombre ; mais il faut éviter de faire cette chasse trop souvent, car les foulques, ne trouvant plus assez de sécurité ni de repos, désertent pendant la nuit et gagnent l'étang le plus voisin.

Les étangs de Saclé près de Paris sont souvent couverts de foulques, et présentent une chasse assez facile quand le nombre des chasseurs permet de garder une chaussée qui sépare les deux étangs, et de renvoyer continuellement les foulques de l'un à l'autre en les forçant à passer au-dessus des tireurs embusqués.

La chair de la foulque est noire et passe pour un aliment maigre. Cet oiseau n'est par le fait qu'un très-médiocre gibier, à peu près mangeable en salmis.

OISEAUX D'EAU.

———

« L'homme a fait une double conquête lorsqu'il s'est assu-
etti des animaux habitants à la fois et des airs et de l'eau.
Libres sur ces deux vastes éléments, également prompts à
prendre les routes de l'atmosphère, à sillonner celles de la
mer ou plonger sous les flots, les oiseaux d'eau semblaient
devoir lui échapper à jamais, et ne pouvoir contracter de
société ni d'habitudes avec nous; ils paraissaient devoir
rester enfin éternellement éloignés de nos habitations, et
même du séjour de la terre.

» Ils n'y tiennent, en effet, que par le seul besoin d'y
déposer le produit de leurs amours; mais c'est par ce besoin même, et par ce sentiment si cher à tout ce qui respire, que nous avons su les captiver sans contrainte, les
rapprocher de nous, et, par l'affection à leur famille, les
attacher à nos demeures.

» Des œufs enlevés du milieu des roseaux et des joncs,
et donnés à couver à une mère étrangère qui les adopte,
ont d'abord produit dans nos basses-cours des individus
sauvages, farouches, fugitifs et sans cesse inquiets de trouver leur séjour de liberté; mais après avoir goûté les plaisirs de l'amour dans l'asile domestique, ces mêmes oiseaux,
et mieux encore leurs descendants, sont devenus plus

doux, plus traitables, et ont produit sous nos yeux des races privées; car nous devons observer, comme chose générale, que ce n'est qu'après avoir réussi à traiter et conduire
une espèce de manière à la faire multiplier en domesticité,
que nous pouvons nous flatter de l'avoir subjuguée; autrement nous n'assujettissons que des individus, et l'espèce,
conservant son indépendance, ne nous appartient pas.
Mais lorsque, malgré le dégoût de la chaîne domestique,
nous voyons naître entre les mâles et les femelles ces sen-
timents que la nature a partout fondés sur un libre choix,
lorsque l'amour a commencé à unir ces couples captifs,
alors leur esclavage, devenu pour eux aussi doux que la
douce liberté, leur fait oublier peu à peu leurs droits de
franchise naturelle et les prérogatives de leur état sauvage, et ces lieux des premiers plaisirs, des premières
amours, ces lieux si chers à tout être sensible, deviennent
leur demeure de prédilection et leur habitation de choix.
L'éducation de la famille rend encore cette affection plus
profonde et la communique en même temps aux petits, qui,
s'étant trouvés par naissance habitants d'un séjour adopté
par leurs parents, ne cherchent point à en changer; car, ne
pouvant avoir que peu ou point d'idée d'un état différent,
ni d'un autre séjour, ils s'attachent au lieu où ils sont nés
comme à leur patrie, et l'on sait que la terre natale est
chère à ceux mêmes qui l'habitent en esclaves. » (BUFFON.)

OIES SAUVAGES.

Le passage de ces oiseaux en France commence généralement à la fin d'octobre ou dans les premiers jours de
novembre, et il est d'autant plus nombreux que l'hiver
promet d'être plus rigoureux. Chassées des régions du

Nord par les glaces, les oies voyagent par bandes de sept ou huit à cinquante, rarement en plus grand nombre. Leur vol est toujours très-élevé, et on entend de fort loin le cri rauque qu'elles répètent en volant. Si la bande est nombreuse, elle est rangée en triangle ou plutôt en <; et dans ce cas, chacune des oies passe à son tour à la première place, c'est-à-dire à l'angle du <, et quand elle est fatiguée, elle se détourne et va prendre la queue d'un des côtés. Si la bande est au contraire composée d'un petit nombre d'individus, les oies ne forment qu'une seule ligne en colonne et quelquefois en bataille.

Pendant la journée les oies se tiennent dans les prairies et les plaines ensemencées, et ce n'est qu'après le coucher du soleil et à la nuit tombante qu'elles se dirigent vers les rivières et les étangs pour y passer la nuit. Très-sauvages et surtout très-prudentes, elles ont toujours des sentinelles pour veiller à la sûreté de la troupe; et si dans les eaux qu'elles fréquentent se trouve une île ou un îlot, c'est sur ces points généralement isolés qu'elles préfèrent s'abattre pour la nuit. Elles reviennent assez souvent aux mêmes places, et il est facile de reconnaître le lieu où elles ont séjourné quelques heures, à la présence des fientes nombreuses qu'elles laissent sur le bord de l'eau et à la trace de leurs pattes. Elles vont généralement peu à l'eau et ne plongent pas pour échapper au danger.

La défiance de ces oiseaux, la finesse de leur vue et de leur ouïe rend les diverses chasses qu'on peut leur faire très-difficiles. Pendant leur séjour en France, la terre est nue, les arbres n'ont plus de feuilles et le chasseur ne peut les surprendre, car elles ont grand soin de ne s'abattre qu'au centre d'une grande plaine. Il faut alors réunir un certain nombre de chasseurs et cerner la bande, s'avancer en se cachant le plus possible et ne se montrer que lorsqu'on est à peu près à portée. Bientôt une sentinelle donne l'alerte et la bande inquiète se prépare à partir ; toutes les oies courent alors dans la même direction en battant des ailes, et le poids de leurs corps ne leur permettant de s'enlever que très-difficilement, elles quittent terre par un vol bas et un peu oblique, et décrivent plusieurs cercles avant d'être à une hauteur hors de la portée du gros plomb avec lequel on les tire. A l'aide de cette manœuvre, plusieurs chasseurs pourront faire feu, et quelques-uns seront quelquefois assez favorisés pour tirer d'assez près sur la bande. Pour faire cette chasse avec quelque chance de succès, il faut que les tireurs s'entendent bien et marchent en rétrécissant régulièrement le cercle qu'ils forment, afin d'être à peu près tous en vue en même temps.

Les oies sauvages ont une chair assez bonne, mais dure, et ce gibier n'est estimé qu'autant qu'il est gras.

OIE CENDRÉE.

(*Anser ferus*. Linné.)

L'oie cendrée ou première a le dessus de la tête et le cou d'un gris cendré clair passant au gris noirâtre sur le dos ; la poitrine et le ventre sont gris-blanchâtre ; les flancs gris-brun, ondé de gris ; le bout des ailes atteint à peine l'extrémité de la queue. Bord libre des paupières rouge-jaunâtre ; le bec est jaune-orangé avec l'onglet blanc sale ; pattes rouges-jaunâtre. Longueur, 0^m,75 à 80.

Cette oie est le type primitif des races domestiques ; elle n'est pas commune en France, et semble dans ses voyages suivre le bord de la mer ; on la dit beaucoup moins rare

11.

en Angleterre, où elle resterait souvent toute l'année et où par conséquent elle nicherait.

OIE COMMUNE.

(*Anser sylvestris.* Brisson.)

Cette espèce est connue aussi sous le nom d'oie des moissons. Longtemps confondue avec la précédente, elle en diffère par la forme et la couleur du bec, et la longueur des ailes. L'oie commune a le bec comprimé et noir à la base, et effilé vers son extrémité, qui est noire, tandis que le milieu est jaune-orangé ; le bord libre des paupières est noirâtre. Les ailes de l'oie cendrée sont bordées de blanc, celles de l'oie commune dépassent l'extrémité de la queue et sont bordées de brun ; le reste du plumage présente peu de différences, et les pattes sont d'un rouge orangé. Dans ces deux espèces la femelle est un peu plus petite que le mâle. Longueur, 0^m,72 à 75.

L'oie commune est moins rare que la précédente ; elle voyage par bandes plus nombreuses, et se fixe pour quelque temps dans les plaines ensemencées, où souvent elle fait beaucoup de tort.

OIE RIEUSE OU A FRONT BLANC.

(*Anser albifrons.* Gmelin.)

L'oie rieuse a le bec petit et jaune orange ; le front est blanc et entouré d'une bande de brun-noirâtre ; la poitrine et le ventre sont blanchâtres, avec quelques plumes noires ; le plumage offre des teintes plus brunes que celui des espèces précédentes. L'oie rieuse est assez commune dans diverses contrées de la France, où elle arrive assez tard, c'est-à-dire en décembre. Elle voyage en bandes nombreuses, et fait aussi de grands dégâts dans les terres ensemencées. Longueur, 0^m,70.

OIE BERNACHE OU NONNETTE.

(*Anser erythropus*. Linné.)

L'oie bernache a le bec court et noir, ainsi que les pattes ; le front, les côtés de la tête et de la gorge sont blancs ; le haut de la tête, la nuque, le cou et la poitrine sont noirs ; le dessous du corps est blanc ; les flancs, gris-cendré. Cette oie quitte peu les bords de la mer ou l'embouchure des fleuves ; elle se nourrit de plantes aquatiques, de vers marins et surtout d'anatifes. Elle ne voyage qu'en petites troupes, et ne paraît sur les côtes de France que pendant les hivers rigoureux. Longueur, 0^m,60.

OIE CRAVANT.

(*Anser bernicla*. Temminck.)

Cette espèce a le bec et les pattes noires ; la tête, le cou et la partie supérieure de la poitrine noirs ; de chaque côté du cou se trouve un espace maculé de blanc ; le dos est gris-brunâtre, ainsi que les parties inférieures, mais ces dernières ont une teinte plus claire ; le bas-ventre est blanc. Longueur, 0^m,25.

L'oie cravan arrive en France seulement en hiver, et elle ne s'éloigne pas des bords de la mer ou de l'embouchure des fleuves ; elle semble préférer l'eau à la terre, et on la voit nager sans cesse à quelque distance du rivage.

Cette espèce est la plus petite de celles qui passent en France.

CYGNE SAUVAGE.

(*Cygnus ferus.* Linné.)

Le cygne sauvage a le plumage d'un blanc pur ; le dessus de la tête et la nuque sont légèrement teintés de jaunâtre ; il a le bec non tuberculé, noir à la base et jaune dans le reste de son étendue ; ses pattes sont noires.

Cette espèce n'est de passage en France que très-irrégulièrement et pendant les hivers rigoureux. Elle n'est pas le type primitif du cygne domestique, comme Buffon et plusieurs auteurs l'ont indiqué ; le cygne domestique vient du cygne tuberculé (*cygnus olor.* Vieillot), beaucoup plus rare. Mais, à part quelques différences peu sensibles, ces oiseaux ont les mêmes habitudes, et ce que l'on peut dire d'une espèce s'applique parfaitement à l'autre.

« Les grâces de la figure, dit Buffon, la beauté de la forme, répondent dans le cygne à la douceur du naturel ; il plaît à tous les yeux ; il décore, embellit tous les lieux qu'il fréquente ; on l'aime, on l'admire. Nulle espèce ne le mérite mieux ; la nature, en effet, n'a répandu sur aucune autant de ces grâces nobles et douces qui nous rappellent l'idée de ses plus charmants ouvrages : coupe de corps élégante, formes arrondies, gracieux contours, blancheur éclatante et pure, mouvements flexibles ; attitudes tantôt animées, tantôt laissées dans un mol abandon ; tout dans le cygne respire la volupté, l'enchantement que nous font éprouver les grâces et la beauté, tout le peint comme l'oiseau de l'amour, tout justifie la spirituelle et riante mythologie d'avoir donné ce charmant oiseau pour père à Hélène, la plus belle des mortelles.

» A sa noble aisance, à la facilité, à la liberté de ses mouvements sur l'eau, on doit le reconnaître, non seulement comme le premier de navigateurs ailés, mais comme le plus beau modèle que la nature nous ait offert pour l'art de la navigation : son cou élevé et sa poitrine relevée et arrondie semblent, en effet, figurer la proue du navire fendant l'onde ; son large estomac en représente la carène ; son corps penché en avant pour cingler se redresse à l'arrière et se relève en poupe ; la queue est un vrai gouvernail ; les pieds sont de larges rames, et ses grandes ailes demi-ouvertes au vent et doucement enflées sont les voiles qui poussent le vaisseau vivant, navire et pilote à la fois.

» Fier de sa noblesse, jaloux de sa beauté, le cygne semble faire parade de tous ses avantages ; il a l'air de

chercher à recueillir des suffrages, à captiver les regards;
et il les captive en effet, soit que voguant en troupes on
voie de loin, au milieu des grandes eaux, cingler la flotte
ailée, soit que, s'en détachant et s'approchant du rivage,
il vienne se faire admirer de plus près en développant ses
grâces par mille mouvements doux, ondulants et suaves.

» Aux avantages de la nature, le cygne réunit ceux
de la liberté; il n'est pas du nombre de ces esclaves
que nous puissions contraindre ou renfermer. Libre sur
nos eaux, il n'y séjourne qu'en y jouissant d'assez d'indépendance pour exclure tout sentiment de servitude et
de captivité; il veut, à son gré, parcourir les eaux, dé-
barquer au rivage, s'éloigner au large, ou venir, longeant
la rive, s'abriter sur les bords, se cacher dans les joncs,
s'enfoncer dans les anses les plus écartées, puis, quittant
la solitude, revenir à la société et jouir du plaisir qu'il paraît prendre et goûter en s'approchant de l'homme, pourvu
qu'il trouve en nous ses hôtes et ses amis et non ses maî-
tres et ses tyrans.

» La voix habituelle du cygne privé est plutôt sourde
qu'éclatante; c'est une sorte de *strideur* parfaitement semblable à ce qu'on appelle le *jurement du chat*. C'est, à ce
qu'il paraît, un accent de menace ou de colère, et l'on n'a
pas remarqué que l'amour chez cet oiseau en eût de plus
doux, et ce n'est point du tout sur des cygnes presque
muets, comme le sont les nôtres dans la domesticité, que
les anciens avaient pu modeler ces cygnes harmonieux
qu'ils ont rendus si célèbres. Mais il paraît que le cygne
sauvage a mieux conservé ses prérogatives, et qu'avec le
sentiment de la pleine liberté, il en a aussi les accents. On
distingue, en effet, dans ses cris, ou plutôt dans les éclats
de sa voix, une sorte de chant mesuré, modulé, des sons
bruyants de clairon, mais dont les tons aigus et peu di-

versifiés sont néanmoins très-éloignés de la tendre mélodie et de la variété douce et brillante du ramage de nos oiseaux chanteurs.

» Au reste, les anciens ne s'étaient pas contentés de faire du cygne un chantre merveilleux : seul entre tous les êtres qui frémissent à l'approche de la mort, il chantait encore au moment de son agonie, et préludait par des sons harmonieux à son dernier soupir. C'était, disaient-ils, près d'expirer et faisant à la vie un adieu triste et tendre, que le cygne rendait ces accents si doux et si touchants, et qui, pareils à un léger et douloureux murmure, d'une voix basse, plaintive et lugubre, formaient son chant funèbre. On entendait ce chant, lorsque, au lever de l'aurore, les vents et les flots étaient calmes; on avait même vu des cygnes expirant en chantant leurs hymnes funéraires. Nulle fiction en histoire naturelle, nulle fable chez les anciens, n'a été plus célébrée, plus répétée, plus accréditée; elle s'était emparée de l'imagination vive et sensible des Grecs; poëtes, orateurs, philosophes même, l'ont adoptée comme une vérité trop agréable pour en douter. Il faut bien leur pardonner leurs fables : elles étaient aimables et touchantes; elles valaient bien de tristes, d'arides vérités; c'étaient de doux emblèmes pour les âmes sensibles. Les cygnes, sans doute, ne chantent point leur mort; mais toujours, en parlant du dernier essor et des derniers élans d'un beau génie prêt à s'éteindre, on rappellera avec sentiment cette expression touchante : *C'est le chant du cygne.* »

CANARDS.

C'est vers la fin d'octobre que paraissent en France les premiers canards; leurs bandes, d'abord peu nombreuses et assez rares, dit Buffon, sont bientôt suivies de troupes plus considérables; et lorsqu'ils sont tous arrivés des régions du Nord, on les voit continuellement voler et se porter d'un étang à un autre ou à une rivière. C'est alors qu'ils deviennent la proie du chasseur, soit par surprise pendant le jour ou en s'embusquant vers le coucher du soleil pour les attendre à la chute; dans certaines localités où la disposition des eaux le permet, on en prend un grand nombre au filet et à divers piéges. Mais toutes ces chasses supposent beaucoup de finesse, dans les moyens employés pour surprendre, attirer ou tromper ces oiseaux, qui sont très-défiants. Jamais ils ne se posent qu'après avoir fait plusieurs circonvolutions sur le lieu où ils veulent s'abattre, comme pour l'examiner, le reconnaître et s'assurer s'il ne récèle aucun ennemi; et lorsqu'enfin ils s'abaissent, c'est toujours avec précaution; ils fléchissent leur vol, et se lancent obliquement sur la surface de l'eau qu'ils effleurent et sillonnent; ensuite ils nagent au large et se tiennent toujours éloignés du rivage; en même temps quelques-uns d'entre eux veillent à la sûreté de la bande et donnent l'alarme dès qu'il y a péril, de sorte que le chasseur se trouve souvent déçu, et les voit partir avant qu'il soit à portée de les tirer : cependant lorsqu'il juge le coup possible, il ne doit pas le précipiter; car le canard sauvage, au départ, s'élevant souvent verticalement, ne s'éloigne pas aussi promptement qu'un oiseau qui file droit.

» C'est le soir, *à la chute*, au bord des eaux qu'ils fréquentent et au besoin sur lesquelles on les attire en y plaçant des canards domestiques femelles, que le chasseur gîté dans une hutte ou caché les attend et les tire avec avantage; il est averti de l'arrivée de ces oiseaux par le sifflement de leurs ailes et doit se hâter de faire feu sur les premiers arrivants ; car dans cette saison, la nuit survenant promptement, et les canards ne *tombant*, pour ainsi dire, qu'avec elle, les moments propices sont bientôt passés. Dans cette chasse, il faut que la passion du chasseur soutienne sa patience : immobile, et souvent à moitié gelé, il s'expose à prendre plus de rhume que de gibier ; mais ordinairement le plaisir l'emporte et l'espérance se renouvelle ; car le même soir où il a juré, en soufflant dans ses doigts, de ne plus retourner à son poste glacé, il fait des projets pour le lendemain. » (Buffon.)

« Il n'est presque point d'étang ou de marais qui, dès le commencement de l'automne, ne soient hantés par quelques bandes de canards sauvages, qui s'y tiennent, pendant le jour, cachés dans les joncs. Lorsque ces étangs ne sont que d'une médiocre étendue, deux chasseurs qui suivent chacun un côté de l'étang, en faisant du bruit, et jetant quelques pierres dans les joncs, font lever les canards et ont souvent l'occasion de les tirer, surtout lorsque l'étang n'a que peu de largeur et se resserre à ses extrémités. Mais le moyen le plus sûr et qui réussit le mieux est de se faire conduire en bateau sur l'étang, et de traverser en silence les joncs par les clairières qui s'y trouvent. Les canards se laissent alors approcher assez pour pouvoir les tirer au départ ; et il arrive même quelquefois que lorsqu'on les a levés, ils reviennent s'abattre sur l'étang après avoir fait un assez grand circuit dans la campagne ; on peut alors tenter encore de les approcher. Quand cela est possible, deux chasseurs garnissent les bords et un troisième en bateau fouille les joncs.

» On a encore, pour tuer des canards sauvages en hiver, la ressource de l'affût, surtout dans les temps de gelée, qui forcent les oiseaux à beaucoup de mouvements. On les attend vers la brune, au bord des petits étangs où ils viennent se jeter, et on les tire soit au vol, soit au moment où ils s'abattent sur l'eau.

» Lorsque la gelée est très-forte, et que les étangs et les rivières sont couverts de glace, on se met à l'affût près des petites eaux qui ne gèlent pas, et la chasse alors est d'autant plus sûre que les canards n'ont que ces seuls endroits pour se procurer quelque nourriture. Dans ces temps de grande gelée, ce sont surtout les petites rivières et les ruisseaux qui ne gèlent pas qui offrent la chasse la plus facile. En suivant le cours de ces eaux à toutes les heures du jour, mais surtout de grand matin, on est sûr de trouver l'occasion de tirer, car les canards se tiennent souvent enfoncés sur les berges, sous les racines des arbres, et ne partent que lorsqu'on arrive sur eux, et souvent même lorsqu'on les a dépassés.

» Suivant les localités, on chasse les canards de diverses manières : il y a l'affût à la hutte dans les prairies submergées, la chasse de surprise dans les mares et les tourbières, etc. Sur les bords de la mer, cette chasse peut être faite avec plus de succès, mais elle nécessite la connaissance des lieux. Tous les oiseaux nageurs, qui, à marée basse, se jettent sur les rochers voisins et sur la plage pour chercher les coquillages, les petits poissons et les insectes que la mer abandonne en se retirant, regagnent la terre à la marée montante. Enfin, il est reconnu que la plupart des oiseaux nageurs quittent régulièrement la mer tous les soirs pour gagner les marais environnants, ou les eaux douces du voisinage, et que, dès la pointe du jour, ils retournent à la mer. Ces habitudes une fois connues, il suffit de bien se placer sur le passage habituel et l'on peut espérer une chasse abondante. » (*Dictionn. des chasses.*)

Les canards sont si sauvages et si défiants que, pour les tuer, le fusil n'est souvent qu'un accessoire ; il faut ruser et bien connaître leurs habitudes et leurs besoins suivant la saison, le vent régnant, la température, etc.

Je ne parlerai point des divers piéges qu'on peut tendre aux canards, et qui permettent d'en prendre en grand nombre; nous ne nous adressons qu'à des chasseurs.

« Dès les premiers vents doux, vers la fin de février, les mâles commencent à rechercher les femelles, et quelquefois ils se les disputent par des combats. La pariade dure environ trois semaines. Le mâle paraît s'occuper du choix d'un lieu propre à placer le produit de leurs amours. Il l'indique à la femelle, qui l'agrée et s'en met en possession : c'est ordinairement une touffe épaisse de joncs, élevée et isolée au milieu d'un marais. La femelle perce cette touffe, s'y enfonce, et l'arrange en forme de nid en rabattant les brins de joncs qui la gênent. Mais quoique la cane sauvage, comme les autres oiseaux aquatiques, place de préférence sa nichée près des eaux, on ne laisse pas d'en trouver quelques nids dans les bruyères assez éloignées, ou dans les champs, et même les forêts sur des chênes tronqués, et dans les vieux nids abandonnés.

» On trouve ordinairement dans chaque nid dix à quinze et quelquefois jusqu'à dix-huit œufs, d'un blanc verdâtre. Chaque fois que la femelle quitte ses œufs, même pour peu de temps, elle les enveloppe dans le duvet qu'elle s'est arraché pour en garnir son nid. Jamais elle ne s'y rend au vol ; elle se pose à une distance d'environ cent pas, et pour y arriver elle marche avec défiance, en observant s'il n'y a point d'ennemis ; mais lorsqu'une fois elle est tapie sur ses œufs, l'approche même d'un homme ne les lui fait pas quitter.

» Le mâle ne remplace pas la femelle dans le soin de la couvée, seulement il se tient à peu de distance ; il l'accompagne lorsqu'elle va chercher sa nourriture, et la défend de la persécution des autres mâles. L'incubation dure trente jours. Tous les petits naissent dans la même journée, et dès le lendemain la mère descend du nid et les appelle à l'eau. Timides ou frileux, ils hésitent d'abord, et même quelques uns se retirent; néanmoins le plus hardi s'élance après la mère, et bientôt les autres la suivent. Une fois sortis du nid, ils n'y rentrent plus; et quand ce nid se trouve loin de l'eau ou qu'il est trop élevé, le père et la mère saisissent les petits avec leur bec, et les transportent l'un après l'autre sur l'eau; le soir, la mère les rallie et les retire dans les roseaux, où elle les réchauffe sous ses ailes pendant la nuit; pendant la journée, ils guettent, à la surface de l'eau et sur les herbes, les moucherons et autres menus insectes qui font leur première nourriture; on les voit nager, plonger et faire mille évolutions sur l'eau avec autant de vivacité que de grâce.

» La nature, en fortifiant d'abord en eux les muscles nécessaires à la natation, semble négliger, pendant quelque temps, la formation ou du moins l'accroissement de leurs ailes. Ces parties restent près de six semaines courtes et informes : le jeune canard a déjà pris plus de la moitié de son développement, il est déjà emplumé sous le ventre et le long du dos avant que les pennes des ailes commencent à paraître, et ce n'est guère qu'à trois mois qu'il peut s'essayer à voler.

» Le bec du canard est large, épais, dentelé sur les bords, garni intérieurement d'une espèce de palais charnu, rempli d'une langue épaisse, et terminé à sa pointe par un onglet corné de substance plus dure que le reste du bec. Tous ces oiseaux ont aussi la queue très-courte, les jambes placées fort en arrière et presque engagées dans l'abdomen. De cette position des jambes résulte la difficulté de marcher et de garder l'équilibre sur terre ; ce qui leur

donne des mouvements mal dirigés, une démarche chan-
celante, un air lourd qu'on prend pour de la stupidité,
tandis qu'il faut reconnaître au contraire, par la facilité de
leurs mouvements dans l'eau, la force, la finesse et même
la subtilité de leur instinct. » (Buffon.)

Les canards sauvages sont de passage en France dès le
commencement de l'hiver. Chassés des régions septentrionales par les glaces qui couvrent promptement les
eaux, ils se dirigent vers des pays moins froids, où ils
rencontrent de l'eau qui leur permet de jouir du genre de
vie qui leur est propre. Mais ils n'attendent pas les grands
froids pour commencer leur voyage ; ils semblent prévoir
la rigueur de la saison, et partent avant les fortes gelées :
aussi dans nos pays, lorsqu'on voit des bandes de canards
eu automne, dit-on habituellement que l'hiver sera
rigoureux.

CANARD TADORNE.

(*Anas tadorna.* Linné.)

Ce bel oiseau est un peu plus grand que le canard sauvage commun, et son plumage remarquable est formé par
grandes masses de trois couleurs, le blanc, le noir et le
jaune cannelle. « La tête et le cou, jusqu'à la moitié de sa
longueur, sont d'un noir lustré de vert ; le bas du cou est
entouré d'un collier blanc ; au-dessous est une large zône
de jaune cannelle qui couvre la poitrine et forme une ban-
delette sur le dos ; cette même couleur teint le bas-ventre ;
au-dessous de l'œil, de chaque côté du dos, règne une
bande noire sur un fond blanc ; les grandes et les moyennes
pennes de l'aile sont noires ; les petites ont le même fond

12.

de couleur, mais elles sont luisantes et lustrées de vert ; les trois pennes voisines du corps ont leur bord extérieur d'un jaune cannelle et l'intérieur blanc ; les grandes couvertures sont noires et les petites sont blanches. Le bec est arqué, relevé et d'un rouge de sang ; il porte à la partie supérieure de sa base un tubercule de même couleur ; cette sorte de protubérance charnue ne paraît que dans la saison des amours. Le tour des narines et l'onglet de l'extrémité du bec sont noirs. Les pieds sont d'un rouge pâle.

La femelle est plus petite que le mâle, auquel elle ressemble d'ailleurs ; ses couleurs sont un peu plus ternes, et le plastron jaune cannelle est plus étroit.

Les tadornes ont reçu le nom de *canards de mer*, parce qu'ils semblent préférer les bords de la mer ; et en Angleterre, ils ont reçu le nom de *burrough-duck* (canard-lapin), à cause de l'habitude qu'ils ont de rechercher les terriers pour y déposer leurs œufs et élever leurs petits.

« Le printemps, dit M. Baillon, nous amène les tadornes en Picardie, mais toujours en petit nombre. Dès qu'ils sont arrivés, ils se répandent dans les plaines de sable dont les terres voisines de la mer sont ici couvertes ; on voit chaque couple errer dans les garennes qui y sont répandues, et y chercher un logement dans les terriers de lapins. Il y a vraisemblablement beaucoup de choix dans cette espèce de demeure, car ils entrent dans une centaine avant d'en trouver une qui leur convienne. On a remarqué qu'ils ne s'attachent qu'aux terriers qui ont au plus une toise et demie de profondeur, sont percés en montant et ont l'ouverture exposée au midi.

» Les lapins cèdent la place à ces nouveaux hôtes et n'y rentrent plus.

» Les tadornes ne font aucun nid dans ces terriers : la

femelle pond ses premiers œufs sur le sable nu, et, lorsqu'elle est à la fin de sa ponte, elle les enveloppe de
duvet dont elle se dépouille.

» Pendant tout le temps de l'incubation, qui est de trente
jours, le mâle reste assidument sur une dune voisine, et
ne s'éloigne que pour aller deux ou trois fois le jour chercher sa nourriture à la mer. Le matin et le soir, la femelle
quitte ses œufs pour le même besoin : alors le mâle entre
dans le terrier, et lorsque la femelle revient, il retourne
sur sa dune.

» Au printemps, dès qu'on aperçoit un tadorne ainsi en
vedette, on est assuré d'en trouver le nid ; il suffit pour
cela d'attendre l'heure où il va au terrier. Si, cependant,
il s'en aperçoit, il s'envole du côté opposé, et va attendre
la femelle à la mer. En revenant, ils volent longtemps au-
dessus de la garenne, jusqu'à ce que ceux qui les inquiè-
tent se soient retirés.

» Dès le lendemain de l'éclosion, le père et la mère con-
duisent les petits à la mer, et ils ne paraissent plus à terre.
Il est difficile de concevoir comment ces oiseaux peuvent,
dès les premiers jours de leur naissance, supporter l'agitation des vagues.

Si quelque chasseur rencontre la couvée dans son voyage,
le père et la mère s'envolent ; celle-ci affecte de culbuter
et de tomber à une centaine de pas de là ; elle se traîne
sur le ventre en frappant la terre de ses ailes, et, par cette
ruse, attire vers elle le chasseur ; les petits demeurent
immobiles jusqu'au retour de leurs conducteurs, et on
peut, si on réussit à les trouver, les prendre tous, sans
qu'aucun fasse un pas pour fuir.

» J'ai été témoin oculaire de tous ces faits ; j'ai déniché
et vu dénicher plusieurs fois des œufs de tadornes, et ces
œufs, placés sous une cane domestique, ont donné des

petits qu'on a élevés en basse-cour ; mais ces derniers, devenus adultes, se reproduisent très-difficilement. » (BAILLON.)

Les tadornes vivent par paires et non en bandes, comme les autres canards ; le mâle et la femelle ne se quittent point, et on les aperçoit toujours ensemble, soit à terre, soit sur l'eau. Il est à remarquer que la mue ne fait pas perdre à ces oiseaux le beau plumage qui les distingue ; ils le conservent en toute saison.

Les tadornes se trouvent sur les côtes de France, même sur celles de la Méditerranée.

CANARD SOUCHET.

(*Anas clypeata*. LINNÉ.)

Ce canard est remarquable surtout par son bec très-long, à mandibule supérieure subcylindrique et dilatée en forme de spatule à l'extrémité. Il a la tête et la moitié supérieure du cou d'un beau vert ; le bas du cou et la partie supérieure du dos sont blancs ; les scapulaires sont blanches, longues et marquées de points et de taches noirâtres ; les plus longues sont d'un bleu clair en dehors et blanches en dedans. Les petites couvertures des ailes sont aussi d'un beau bleu clair et séparées du miroir d'un beau vert par une bande de plumes blanches. Le croupion et les couvertures de la queue sont d'un noir vert changeant ; poitrine d'un roux marron vif ; bec noir, pectiné sur ses bords ; pattes d'un rouge orangé.

On connaît aussi ce canard sous les noms de *canard cuiller, canard spatule*.

La femelle a la tête d'un roux clair tacheté de noir. Les plumes de la partie supérieure du corps sont brunes, bordées de roux blanchâtre ; celles des partie inférieures sont d'une teinte plus claire avec des taches brunes ; les petites couvertures des ailes sont bleuâtres.

Le souchet est de passage en automne et au printemps ; il niche même dans le nord de la France et paraît très-sensible au froid.

« La forme du bec de ce bel oiseau, dit M. Baillon, indique sa manière de vivre. Ses deux larges mandibules ont les bords garnis d'une large dentelure ou frange, qui, ne laissant échapper que la boue, retient les vermisseaux, les petits insectes et les crustacés qu'il cherche dans la vase ; il n'a pas d'autre nourriture. J'en ai ouvert plusieurs fois vers la fin de l'hiver et dans les temps de gelée, et je n'ai pas trouvé d'herbe dans leur sac, quoique le défaut d'insectes eût dû les forcer de s'en nourrir. On ne les trouve alors qu'auprès des sources ; ils y maigrissent beaucoup, et ne se refont qu'au printemps en mangeant des grenouilles.

» Le souchet barbotte sans cesse, principalement le matin et le soir, et même fort avant dans la nuit. Il est sauvage et triste ; on l'accoutume difficilement à la domesticité, et il refuse constamment le pain et le grain.

» Le souchet ou *rouge* passe pour le meilleur et le plus délicat des canards ; il prend beaucoup de graisse, et sa chair est tendre et succulente. On dit qu'elle est toujours rouge, quoique bien cuite, et c'est pour cette raison que cet oiseau porte le nom de rouge, notamment en Picardie, où l'on en fait une grande destruction, dans cette longue suite de marais qui s'étendent des environs de Soissons à la mer. »

CANARD SAUVAGE OU COL VERT.

(*Anas boschas.* Linné.)

Ce bel oiseau est le type primitif du canard domestique ; son plumage est des plus variés ; il a la tête et le haut du cou d'un beau vert à reflets violets. Le devant de la poitrine présente un large plastron roux-marron foncé, et sur le milieu du cou, on remarque un joli collier de plumes blanches, interrompu à la partie postérieure. Le dessus du cou, les grandes couvertures des ailes, les flancs et le ventre sont d'un cendré brun, finement semés de nombreux zigzags gris-blanc. La ligne médiane du dos est d'un brun grisâtre ; le croupion est d'un noir à reflets verts ; les plumes de la queue sont d'un gris assez foncé au centre, et bordées de blanc, à part les quatre médianes, qui sont d'un noir vert et recourbées en demi-cercle. Les sous-caudales sont noires ; les miroirs des ailes sont bleus, à reflets violets, encadrés en avant et en arrière par deux bandes, l'une noire et l'autre blanche. Les dernières plumes des flancs, près de la queue, sont terminées par une large frange d'un blanc brillant argenté. Les pieds et les membranes interdigitales sont d'un beau jaune orangé ; le bec est jaune-verdâtre. La femelle, un peu plus petite que le mâle, a le plumage brun-roussâtre, pontillé de brun-noir, surtout à la tête, et les plumes des parties inférieures sont d'une teinte plus claire, avec des bandes longitudinales ; le bec est gris-verdâtre. Les jeunes ressemblent beaucoup aux femelles ; on les désigne sous le nom de *hallebrans* jusqu'à la première mue, ou, pour mieux dire, tant que leur vol n'est pas encore assez ferme pour leur permettre de quitter l'étang ou le marais où ils sont nés. Les jeunes canards se distinguent aussi des vieux par leurs pattes plus lisses et d'un rouge plus vif.

Le canard sauvage se trouve en toute saison sur les grands étangs et les marais du nord de la France, où il se reproduit facilement ; mais c'est surtout des régions septentrionales de l'Europe que viennent, en novembre et en décembre, les bandes nombreuses de canards de passage. Leur vol est très-rapide, très-élevé. Chaque bande forme dans l'air deux lignes en triangle, souvent très-régulier.

La chasse aux hallebrans se fait en été. C'est le matin, vers midi et le soir qu'on peut surtout les surprendre dans les joncs et les grandes herbes qui garnissent les bords des étangs. Pour assurer le succès de cette chasse, il faut tâcher de tuer la mère, et de priver ainsi les hallebrans de leur guide, comme on cherche à le faire pour les perdreaux.

CANARD CHIPEAU.

(*Anas strepera*. LINNÉ.)

Le chipeau ou ridenne est un peu moins gros que le canard commun ; il a la tête et le haut du cou d'un fauve cendré ponctué de brun ; le vertex, l'occiput et la nuque sont d'un brun roussâtre. Le bas du cou est richement festonné ou écaillé de noir et de gris, tandis que le dos et les flancs sont vermiculés de noir sur gris. Les ailes présentent trois larges bandes : la première rouge-brun, la seconde noire et la troisième blanche. Les plumes scapulaires sont d'un cendré brun ; quelques-unes plus grandes sont pointues et bordées de roussâtre clair. Le ventre est d'un blanc jaunâtre avec quelques taches brunes. Le croupion et le dessous de la queue noirs ; bec noir ; pieds orangés.

La femelle a les plumes des parties supérieures d'un brun-noirâtre et bordées de roux-clair ; le bas du cou est brun-roux, tacheté de noir ; le croupion et les sous-caudales sont grises.

Cet oiseau est de passage en France en automne et au printemps. Il est aussi habile à plonger qu'à nager : aussi évite-t-il souvent le coup de fusil en s'enfonçant dans l'eau. Pendant le jour il est craintif et se montre peu ; il reste caché dans les joncs et ne cherche sa nourriture que de grand matin et le soir, et même pendant la nuit.

CANARD SIFFLEUR.

(*Anas penelope*. Linné.)

Le canard siffleur est un peu plus petit que le canard commun. Il a le sommet de la tête d'un fauve clair ; les côtés de la tête, l'occiput et le haut du cou sont d'une teinte marron tachetée de petits points noirs. Le bas du cou est d'une nuance plus claire tirant sur le cendré lie de vin. Le dos, le croupion, les scapulaires et les flancs sont gris avec un grand nombre de lignes noires en zigzags ; la poitrine et le ventre sont blancs. Le miroir est vert-doré et bordé de noir de velours. La queue est formée de plumes noires bordées de blanc. Le bec est court, bleuâtre et noir à la pointe ; les pattes sont d'un gris de plomb.

La femelle est d'une couleur plus uniforme gris-brun ; la tête et le haut du cou sont tachetés de points noirs sur un fond roussâtre.

Une voix claire et sifflante, que l'on peut comparer au

son aigu d'un fifre, dit Buffon, distingue ce canard de tous les autres, dont la voix est enrouée et presque croassante. Comme il siffle en volant et très-fréquemment , il se fait entendre et reconnaître de loin. Il prend ordinairement son vol le soir et même la nuit, a l'air plus gai que les autres canards , et est très-agile et toujours en mouvement.

Les canards siffleurs volent et nagent toujours par bandes. Il en passe chaque hiver quelques troupes dans diverses parties de la France , même dans celles qui sont éloi gnées de la mer, et on les voit en grand nombre sur les côtes de la Picardie. Ils arrivent en automne et repassent en février. Quelques-uns nichent en France dans les marais. Ces oiseaux voient très-bien pendant la nuit , à moins que l'obscurité ne soit complète ; ils cherchent la même pâture que les canards sauvages. Plus le vent est rude , plus on voit de ces canards. Ils se tiennent bien à la mer et à l'embouchure des rivières malgré le gros temps , et ils sont très-durs au froid.

On dit qu'on parvient facilement à les accoutumer à la domesticité.

CANARD PILET.

(*Anas acuta.* LINNÉ.)

Le pilet , connu aussi sous le nom de pénard et de canard à longue queue, semble établir le passage entre les canards et les sarcelles. Cet oiseau se distingue facilement des autres espèces par les deux plumes noires, longues et effilées qui font comparer sa queue à celles d'une hirondelle. Les proportions des diverses parties du corps donnent au pilet une élégance de forme toute particulière. Il

13

a le cou blanc, long et grêle, la tête petite et brune, tachetée de noir, surtout au sommet, et nuancée de violet et de pourpré sur les côtés. La nuque est noire, et une bande étroite blanche part de chaque côté de l'occiput, va se perdre dans le blanc du cou, et tranche agréablement sur la partie postérieure de la tête. Les plumes du dos et des flancs sont d'un gris tendre, ondé de petits traits noirs très-serrés et qu'on dirait tracés à la plume; les plumes scapulaires sont longues, pointues, blanches sur les bords et d'un beau noir au centre dans toute la longueur de la baguette, et retombent élégamment sur les ailes. Les ailes ont le miroir vert-pourpré, bordé en avant par une bande rousse, et en arrière par deux bandes plus étroites, l'une noire et l'autre blanche; bec bleuâtre; pieds d'un gris noirâtre.

La femelle ressemble beaucoup à celle du canard colvert; mais elle en diffère par la queue, qui est plus longue, les deux plumes médianes se prolongeant un peu, mais beaucoup moins que chez le mâle.

Le pilet est de passage en France en novembre et en mars. Cet oiseau, d'un naturel moins sauvage que les autres canards, est un des plus beaux qui visitent nos pays. Son cri, représenté par *hi zouë, zouë*, s'entend d'assez loin. La première syllabe est un sifflement aigu, et la seconde un murmure moins sonore et plus grave.

On voit un grand nombre de pilets en Picardie, dans la vallée de la Somme, depuis Amiens jusqu'à Saint-Valery. A leur arrivée, ils se tiennent dans la baie de la Somme. Les grands froids et les gelées les forcent de remonter jusqu'au delà d'Amiens; et ils reviennent plus rassemblés au moment du dégel; c'est alors qu'on leur fait une chasse sérieuse et productive.

Cet oiseau est considéré comme chair maigre, et peut

être mangé comme tel sans enfreindre le commandement de l'Église.

SARCELLE D'ÉTÉ.

(*Anas querquedula.* Linné.)

La sarcelle d'été ou sarcelle commune, connue aussi sous le nom de criquart, est surtout remarquable par les plumes longues et taillées en pointe qui couvrent les épaules et retombent sur les ailes en rubans blancs au centre, et d'un vert noirâtre sur les bords. Le devant du corps présente un beau plastron tissé de noir sur gris et comme maillé par petits carrés tronqués, renfermés dans de plus grands, tous disposés avec tant de netteté et d'élégance qu'il en résulte l'effet le plus piquant. Les côtés du cou et les joues, jusque sous les yeux, sont couverts de petits traits blancs vermiculés sur un fond roux. Le dessus de la tête est noir, ainsi que la gorge ; mais un long trait blanc, prenant sur l'œil, va tomber au-dessous de la nuque. (Buffon.) Les flancs présentent des zigzags de gris noirâtre sur un fond blanc. Les couvertures des ailes sont d'un cendré bleuâtre ; et le miroir est vert reflétant, bordé de blanc en haut et en bas. Bec noirâtre ; pieds gris.

La parure de la femelle est bien plus simple : vêtue partout de gris et de gris-brun, à peine remarque-t-on quelques ombres d'ondes ou de festons sur sa robe. Sa gorge est blanche, et de chaque côté de la tête, près du bec, on remarque une tache blanche aussi ; enfin, une petite bande blanchâtre se prolonge un peu derrière les yeux.

« Il y a en général, dit Buffon, tant de différences entre les deux sexes dans les sarcelles, que les chasseurs peu expérimentés désignent les femelles sous le nom d'arcanettes ou racanettes, comme si elles constituaient une espèce particulière.

La sarcelle d'été se trouve dans toute l'Europe ; elle établit son nid sur les bords des étangs, au milieu des joncs, et pond six ou huit œufs d'un blanc un peu roussâtre. Cependant on sait qu'il se fait des passages assez réguliers de ces oiseaux en avril et en octobre. Les sarcelles ne volent pas en formant des triangles comme les canards, et leurs bandes ne sont pas très-nombreuses ; cependant, à l'époque du passage d'automne, toutes les sarcelles d'un même canton semblent se réunir au temps fixé pour le départ ; et dans les airs, elles se poursuivent en jouant et en faisant continuellement entendre leur cri. Cet oiseau se nourrit d'herbages, d'escargots, d'insectes et de larves, et il ne plonge que très-rarement.

Ce bel oiseau se laisse facilement approcher par le chasseur, et quoiqu'il ait le vol très-vite, on le tire assez facilement.

SARCELLE D'HIVER.

(*Anas crecca.* LINNÉ.)

Cet oiseau n'a pas, comme le précédent, les plumes des épaules retombant sur les ailes, cependant ces plumes sont longues et taillées en pointe ; elles sont blanches en dedans et noires en dehors. La sarcelle d'hiver a la tête rousse avec une large bande verte, bordée de blanc, qui s'étend de chaque côté, de l'œil à la nuque. Le dessus du cou, le haut du dos et les côtés du corps sont gris et vermicellés d'un grand nombre de petites lignes noires. Le devant du cou et la poitrine d'un blanc roussâtre, avec des taches irrégulières noires et assez rapprochées ; le ventre blanc ;

miroir vert, bordé de noir de velours et frangé de blanc; bec noir; pattes gris-brun.

La femelle a la tête et le cou d'un brun clair tacheté de noir en dessus, et d'une teinte beaucoup plus claire en dessous, avec des taches plus petites; les plumes des parties supérieures du corps sont d'un brun cendré bordé de blanc ou de blanchâtre. « Cette sarcelle niche sur nos étangs, et reste dans le pays toute l'année. Elle cache son nid parmi les grands joncs, et le construit de leurs brins et de plumes. Ce nid, fait avec beaucoup de soin, est assez grand et posé sur l'eau de manière à suivre les différences de niveau. La ponte est de dix à douze œufs d'un blanc sale, avec de petites taches de couleur noisette. Les femelles seules s'occupent du soin de la couvée; les mâles semblent les quitter et se réunir pour vivre en compagnie pendant ce temps; mais en automne ils retournent à leur famille pour ne la quitter qu'au printemps suivant.

On rencontre ces oiseaux sur les grands étangs, qu'ils ne quittent qu'à l'époque des gelées, pendant lesquelles ils fréquentent les petites rivières et les eaux de source. Ils vivent de cresson, de cerfeuil sauvage et de petits poissons; leur chair est très-estimée. »

Cette sarcelle est assez commune, surtout en hiver, parce que le passage en amène un grand nombre.

CANARD GARROT.

(*Anas clangula*. Linné.)

Le garrot est un canard de petite taille, dont le plumage est noir et blanc, et qui se distingue facilement des autres espèces par une large plaque de plumes blanches placées de chaque côté de la base du bec. Sa tête est grosse et d'un beau vert foncé. Le dos et la queue sont noirs, ainsi que les grandes pennes de l'aile ; le bas du cou, la poitrine et le ventre, ainsi que la plus grande partie des couvertures des ailes, sont d'un beau blanc. Bec noir ; pieds orangés, avec les membranes interdigitales brunâtres.

La femelle diffère passablement du mâle ; elle est plus petite ; sa tête est uniformément brune, ainsi que le haut du coü. La partie moyenne du cou forme un large collier blanc mêlé en bas de gris cendré. Les parties supérieures du corps sont couvertes de plumes brunes bordées de cendré. La poitrine et le ventre sont blancs. Enfin, le bec est noir avec l'extrémité jaune-rouge, moins l'onglet, qui est de même couleur que la base.

Le garrot marche très-mal, mais il est excellent nageur et plonge avec une grande facilité.

CANARD DE MICLON.

(Anas glacialis. LINNÉ.)

Le canard de miclon, désigné aussi sous le nom de canard à longue queue, n'est pas très-commun en France, cependant on en tue tous les ans sur les côtes de la Manche et sur quelques points des côtes de l'Ouest. Au moment du passage son plumage est assez élégant, mais il diffère de sa robe de noces. La tête et le cou sont d'un blanc pur avec les joues d'un cendré roussâtre. Une large plaque de plumes brunes se trouve sur chaque côté du cou ; le dos est brun-de-suie, ainsi que les deux longues pennes médianes de la queue. Le bas du cou forme un large plastron d'un brun noirâtre, se prolongeant sur le dos par une bande étroite. Le ventre est d'un blanc pur, ainsi que les scapulaires, qui sont longues, effilées et retombent sur les ailes. Pas de miroir ; bec petit, noir à la base et à l'extrémité, et rougeâtre au centre ; pieds gris. La femelle a un plumage beaucoup plus modeste : le dessus de la tête et le dos sont bruns ; le cou est brun-cendré-clair, et le ventre d'un blanc grisâtre.

Le canard de miclon habite les régions arctiques ; il passe irrégulièrement en France ; il ne voyage que par couples ou isolément.

CANARD MILOUIN.

(*Anas ferina.* Linné.)

Le milouin ou rouget a la tête et le haut du cou d'un brun-roux-marron, passant au brun-noirâtre et au noir sur le bas du cou. Le dos et le croupion d'un noir foncé ; les scapulaires et les couvertures des ailes d'un cendré blanchâtre, vermiculées de nombreux zigzags d'un gris foncé bleuâtre ; la poitrine et le ventre, d'une teinte gris-clair un peu fauve, avec des zigzags moins prononcés ; le miroir gris-cendré ; bec bleuâtre au centre, noir à la base et à l'extrémité ; pieds bleuâtres. La femelle a la tête et le cou d'un gris brun, avec quelques taches roussâtres ; le reste de son plumage présente des teintes beaucoup plus grises et moins prononcées. Le milouin est encore connu sous le nom de *moretonet* de *cataroux*.

Les milouins sont très-défiants, et il est difficile de les approcher, surtout quand ils sont à terre : aussi restent-ils presque toujours à l'eau.

M. Hébert, qui, en chasseur attentif et même ingénieux, dit Buffon, a su trouver à la chasse d'autre plaisir que celui de tuer, a fait sur ces oiseaux comme sur beaucoup d'autres des observations intéressantes. C'est, dit-il, l'espèce du milouin qui, après celle du canard sauvage, m'a paru la plus nombreuse dans les contrées où j'ai chassé. Il arrive par troupes de vingt ou quarante ; son vol est plus rapide que celui du canard, et le bruit que fait son aile est tout différent ; la troupe forme en l'air un peloton serré, sans se ranger en triangle comme les canards sauvages. A leur arrivée, ils sont inquiets et cherchent à s'abattre sur les grands étangs ; l'instant d'après ils en partent, en font plusieurs fois le tour au vol, se posent une seconde fois pour aussi peu de temps, disparaissent, reviennent une heure après, et ne se fixent pas davantage. Quand j'ai tué de ces oiseaux, c'est toujours servi par le hasard, avec de très-gros plomb et lorsqu'ils faisaient leurs évolutions. On ne les approche pas facilement sur les grands étangs ; et ils ne tombent point sur les petites rivières par la gelée, ni à la chute sur les petits étangs ; cependant ils sont assez communs.

CANARD MILOUINAN.

(*Anas marila.* Linné.)

Le milouinan a la tête et tout le cou d'un beau noir à reflets verts ; le dos gris, ainsi que le croupion et les épaules, avec un grand nombre de taches en zigzags noirâtres ; la poitrine et le ventre blancs ; le miroir blanc ; bec et pieds gris ; iris jaunes.

La femelle, un peu plus petite que le mâle, a une grande tache de plumes blanches autour de la mandibule supérieure ; le reste de la tête et du cou est brun, et les autres parties du corps d'une nuance plus terne que chez le mâle. Le bec est bleuâtre, et l'iris d'un jaune moins éclatant.

Cette espèce semble préférer les bords de la mer ; cependant on en voit quelques individus dans nos départements du Centre et du Midi.

Le milouinan se nourrit non-seulement d'herbages et d'insectes, mais encore de petits coquillages et de poissons : aussi sa chair est-elle généralement peu estimée.

PETIT MILOUIN.

(*Anas nyroca*. GULDENSTEDT.)

Cet oiseau est connu aussi sous le nom de *sarcelle d'Égypte* et de *canard à iris blanc*. Il est de la grosseur d'une sarcelle ordinaire. Les caractères qui le distinguent à première vue sont un miroir blanc terminé de noir, et l'iris blanc. Il a la tête et tout le cou d'un marron vif, avec une petite tache blanche sous le bec ; le reste de son plumage est noirâtre à reflets pourprés ; le ventre est brun-terne et les flancs d'un brun roux ; bec noir-bleu ; pieds noir-bleuâtre.

La femelle diffère du mâle par des teintes moins prononcées.

Le petit milouin voyage par couple ou en bandes peu nombreuses ; il est de passage, en France, en automne et au printemps.

CANARD MORILLON.

(*Anas fuligula*. LINNÉ.)

Le morillon est une espèce de taille au-dessous de la moyenne ; son plumage, noir en dessus, blanc en dessous, et les longues plumes en forme de crête qui ornent sa tête, le distinguent suffisamment. La tête et tout le cou sont d'un beau noir à reflets verts sur les joues et pourprés sur le cou, et les autres parties noires. Le ventre est blanc, ainsi que le miroir. Bec bleu, iris jaune, pieds noirs. La femelle ne diffère du mâle que par des tons d'un brun grisâtre et par l'absence de plumes en huppe sur la tête.

Le morillon est de passage en France, et il reste en hiver sur les étangs où l'eau est vive et ne se couvre pas de glace. Il est moins défiant que les autres espèces et il se laisse assez facilement approcher ; s'il prend son vol, il s'éloigne peu. A terre, ce canard marche le corps presque droit et se balance continuellement.

CANARD EIDER.

(*Anas molissima*. Linné.)

L'eider est un peu moins gros que l'oie commune. Dans le mâle, les couleurs principales du plumage, dit Buffon, sont le blanc et le noir ; et, par une disposition contraire à celle qui s'observe dans la plupart des oiseaux, dont généralement les couleurs sont plus foncées en dessus qu'en dessous du corps, l'eider a le dos blanc et le ventre noir ou d'un brun noirâtre. Le haut de la tête, ainsi que les pennes de la queue et des ailes, sont de cette même couleur, à l'exception des plumes les plus voisines du corps, qui sont blanches. A la nuque et sur les côtés du cou, on voit une large plaque verdâtre, et le blanc du bas du cou est lavé d'une teinte briquetée ou vineuse. Les plumes noires de la tête viennent recouvrir la mandibule supérieure, en formant trois pointes, l'une médiane, plus courte, les autres latérales, plus longues et se prolongeant jusqu'aux narines. Bec vert-mat; pieds vert-jaune.

Après l'incubation, ce bel oiseau prend un plumage peu différent de celui de la femelle. Celle-ci a toutes les plumes d'un brun roux tacheté de brun noir.

Ce n'est qu'à l'âge de trois ans que l'eider prend son plumage de noces; mais, dès la première année, les mâles présentent déjà des plaques de plumes blanches au cou, sur le dos et les ailes.

L'eider est très-rare en France; cependant on en tue tous les ans sur les côtes du Nord; il habite les régions arctiques : l'Islande, le Groënland, le Spitzberg, la Laponie suédoise, et il se montre de passage en Allemagne. C'est cet oiseau qui fournit le duvet connu sous le nom d'édredon ou eiderdon. L'eider plonge très-profondément à la poursuite des poissons, et se nourrit particulièrement de matières animales.

CANARD SIFFLEUR HUPPÉ.

(*Anas rufina.* PALLAS.)

Ce bel oiseau est assez rare en France, mais assez commun sur les côtes nord d'Afrique. Il est de la grosseur du col-vert; sa tête et le haut du cou sont couverts de belles plumes d'un roux vineux, déliées et soyeuses, surtout celles du vertex et de la nuque, qui forment une sorte de touffe chevelue; le bas du cou et le ventre sont noirs, ondés de gris; le dos est brun fauve, et le croupion noir; les flancs sont blancs, avec de nombreuses mouchetures d'un gris foncé. Une tache oblique blanche à l'épaule; le miroir blanc. Bec rouge; pieds d'un rouge brun, avec les membranes noires.

La femelle a la tête plus rase, brune ; le cou d'un blanc sale, ainsi que le ventre ; le bas du cou est garni de plumes rousses, avec une plaque brune au centre de chacune d'elles. Le reste du plumage offre des tons beaucoup plus clairs que chez le mâle.

Le siffleur huppé est de passage en France aux mêmes époques que les autres espèces.

MACREUSE.

(*Anas nigra.* Linné.)

La macreuse a tout le plumage d'un noir brillant, velouté, à reflets violets, mais plus terne sous le ventre. Son bec est noir, large, et, à la base de la mandibule supérieure, on remarque une gibbosité d'un jaune orangé enveloppant les narines. Les pieds sont gris-foncé, avec les membranes interdigitales noires. L'iris est rouge.

La macreuse habite les régions arctiques, d'où elle se répand, en hiver, sur toutes les côtes du continent, mais surtout sur celles du Nord.

La femelle est d'un noir gris ; la base du bec est gibbeuse, mais les narines seules sont jaunes, et on remarque une tache de même couleur vers l'extrémité de la mandibule supérieure.

« Les vents du nord et du nord-ouest, dit M. Baillon, amènent le long de nos côtes de Picardie, depuis le mois de novembre jusqu'en mars, des troupes prodigieuses de macreuses ; la mer en est pour ainsi dire couverte : on les voit voleter sans cesse de place en place et par milliers, paraître sur l'eau et disparaître à chaque instant. Dès qu'une macreuse plonge, toute la bande l'imite et reparaît quelques instants après. Lorsque les vents sont sud et sud-est, elles s'éloignent de nos côtes, et les premiers vents, au mois de mars, les font disparaître entièrement.

La nourriture favorite des macreuses est une espèce de coquillage bivalve lisse et blanchâtre, large de quatre lignes et long de dix environ, dont les bords de la mer se trouvent jonchés dans beaucoup d'endroits ; il y en a des bancs assez étendus et que la mer découvre sur ses bords au reflux. Lorsque les pêcheurs remarquent que, suivant leur expression, les macreuses *plongent aux vaimeaux* (c'est le nom qu'on donne ici à ces coquillages), ils tendent leurs filets horizontalement au-dessus de ces coquillages et à deux pieds au plus du sable ; peu d'heures après, la mer, entrant dans son plein, couvre ces filets de beaucoup d'eau, et les macreuses suivant le reflux à deux ou trois cents pas du bord, la première qui aperçoit les coquilles plonge, toutes les autres la suivent, et, rencontrant le filet qui est entre elles et l'appât, elles s'empêtrent dans ses mailles flottantes ; ou si quelques-unes, plus défiantes, s'en écartent et passent dessous, bientôt elles s'y enlacent comme les autres en voulant remonter après s'être repues : toutes s'y noient ; et, lorsque la mer est retirée, les pêcheurs vont les détacher du filet, où elles sont suspendus par la tête, les ailes ou les pieds.

Un filet de cinquante toises de longueur sur une toise et demie de largeur en prend quelquefois vingt ou trente douzaines dans une seule marée.

Je n'ai jamais vu aucune macreuse voler ailleurs qu'au-dessus de la mer, et j'ai toujours remarqué que leur vol est bas, mou et de peu d'étendue ; elles ne s'élèvent presque pas, et souvent leurs pieds trempent dans l'eau en volant. Il est probable que les macreuses sont aussi fécondes que les canards ; car le nombre qui en arrive tous les ans est prodigieux, et, malgré la quantité qu'on en prend, il ne paraît pas diminuer. » 14

A terre, la macreuse marche mal, mais elle tient le corps droit, se balance à chaque pas et frappe le sol alternativement de chaque pied ; elle a l'air fort gauche, et et chaque mouvement semble exiger des efforts inouïs. En revanche, elle est infatigable sur l'eau ; elle court sur les vagues aussi légèrement que le pétrel.

DOUBLE MACREUSE.

(*Anas fusca.* LINNÉ.)

La grande et double macreuse est un peu plus forte que la macreuse ordinaire. Tout son plumage est d'un noir profond, sauf une tache blanche autour de l'œil et se prolongeant un peu en arrière, et un miroir étroit et blanc. Le bec est gibbeux et d'un jaune rougeâtre, avec avec quelques parties noires ; les pieds sont rouges, avec les membranes interdigitales noires. La femelle est un peu plus petite, et son plumage est brunâtre, varié de blanchâtre, entre les yeux et le bec, qui ne présente pas de gibbosités.

Ce plumage varie un peu après la mue.

Les doubles macreuses habitent les mers du Nord, où elles vivent de petits mollusques et d'anatifes. Elles se montrent en France avec les macreuses ; mais en beaucoup moins grand nombre que ces dernières.

HARLE BIÈVRE.

(*Mergus merganser.* LINNÉ.)

Le harle-bièvre ou grand harle est d'une grosseur intermédiaire entre l'oie et le canard. Son corps est large et un peu aplati sur le dos. Il a la tête et la partie supérieure du cou d'un beau noir vert à reflets ; les plumes du vertex, un peu allongées, forment une sorte de toupet. Le bas du cou, la poitrine et le ventre d'un blanc nuancé de rose jaunâtre, tirant sur le beurre-frais ; le haut du dos, et les scapulaires rapprochées du corps, d'un beau noir ; le reste du dos, le croupion et la queue, gris-cendré, avec l'extrémité des plumes très-légèrement frangée de gris plus foncé. Les scapulaires voisines de l'aile et les couvertures alaires, d'un blanc jaunâtre, finement liserées de de noir ; bec rouge, l'onglet noir-vert, ainsi que la ligne médiane des mandibules ; pieds rouges.

La femelle est plus petite ; elle a la tête et le haut du cou d'un brun cendré, et les plumes du vertex, un peu plus longues, forment aussi une huppe ; sa gorge est blanchâtre ; le reste de son plumage offre des teintes plus sombres que celui du mâle, et ses pieds sont moins rouges.

Cet oiseau passe en France pendant les hivers rigoureux, et quelquefois il y arrive en grand nombre.

Le bec de cet oiseau est garni de dentelures, et sa langue hérissée de papilles dures et dirigées en arrière, disposition qui seconde parfaitement sa voracité et lui permet de retenir les poissons dont il se nourrit. Il en saisit souvent de gros qu'il cherche à avaler, et dont, malgré ses efforts, il ne peut engloutir qu'une partie. Dans ce cas, la tête se loge la première dans l'œsophage, et ce n'est qu'après l'avoir digérée, qu'il peut avaler le reste du corps.

« Le harle nage tout le corps submergé et la tête seule hors de l'eau ; il plonge profondément, reste longtemps sous l'eau, et parcourt souvent un très-grand espace avant de reparaître à la surface. Quoiqu'il ait les ailes courtes, son vol est rapide, et le plus souvent il file au-dessus de l'eau. Le harle, est comme on le voit, un fort bel oiseau ; mais sa chair est sèche et de mauvais goût. » (Buffon.)

Le nom de bièvre a été donné anciennement au harle, que l'on comparait en quelque sorte au castor ou bièvre, à cause des dégâts qu'il fait dans les rivières.

HARLE PIETTE.

(*Mergus albellus.* Linné.)

« La piette est un joli petit harle à plumage pie, et auquel on a donné quelquefois le nom de *religieuse* ou de nonnette, sans doute à cause de sa belle robe blanche, de son manteau noir, et de sa tête coiffée d'effilés blancs, couchés en avant et relevés en arrière en forme de bandeau que coupe un petit lambeau de voile d'un violet obscur; un demi-collier noir sur le haut du cou achève la parure modeste et piquante de cette petite religieuse ailée. » (Buffon.)

L'œil est entouré d'une large tache d'un noir verdâtre; le haut du dos est noir, et le croupion et la queue sont gris; la poitrine et le ventre blancs, et le miroir noir; le bec est gris-bleuâtre, ainsi que les pieds.

La femelle a le dessus de la tête et la nuque d'un roux foncé ; le reste de son plumage, sauf les demi-colliers noirs qui manquent, est assez semblable à celui du mâle, mais les teintes sont moins vives.

Cet oiseau se répand en hiver dans presque toute la France.

HARLE HUPPÉ.

(*Mergus serrator.* Linné.)

Cet oiseau est de la grosseur du canard, et il a une huppe bien formée, bien détachée de la tête et composée de plumes déliées, longues et dirigées en arrière. La tête et le haut du cou sont d'un beau noir-vert à reflets ; le milieu du cou forme un large collier blanc, et le bas présente un grand plastron roux-brun tacheté de noir. Le dos et la moitié des scapulaires sont noirs ; le croupion et les flancs sont gris et vermiculés de noir. De chaque côté de la poitrine, les épaules présentent une plaque de belles plumes blanches, bordées de noir qui couvrent le bord antérieur de l'aile. Le ventre est blanc, ainsi que les couvertures des ailes, qui sont en partie liserées de noir, et comme coupées par deux bandes étroites et noires en guise de miroir. Le bec est rouge, avec l'onglet noir ; pieds rouge-orangé.

La femelle a une livrée plus simple ; sa tête est brune et huppée, et les couvertures des ailes ne présentent qu'une bande transversale noire.

Ce harle est plus rare en France que le bièvre ; cependant on en tue tous les ans sur les côtes de l'Océan.

HARLE COURONNÉ.

(*Mergus cucullatus.* Linné.)

Cet oiseau de l'Amérique du Nord ne se montre qu'accidentellement en France ; il a la tête garnie d'une large huppe formée de deux rangées de plumes relevées en un

14.

disque noir à la circonférence et blanc au milieu. Le harle couronné a la poitrine et le ventre blancs ; la face, le cou et le dos noirs ; les flancs, d'un blanc roussâtre vermiculé de petits zigzags noirs ; les ailes brunes, avec quatre bandes brunes et noires. Bec rougeâtre et noir ; pattes couleur de chair. Longueur, 0^m,43.

PLONGEONS.

Les plongeons sont organisés pour vivre dans l'eau ; leurs pattes courtes et placées à l'arrière du corps leur donnent la plus grande facilité pour nager ; et lorsqu'ils sont sur la terre ou la glace, ils se tiennent dans une position presque perpendiculaire. Ces oiseaux, comme leur nom l'indique, plongent continuellement et avec une rapidité telle, qu'ils échappent facilement au plomb du chasseur. Leur chair graisseuse est de très-mauvais goût ; ils ne se trouvent que sur les bords de la mer et à l'embouchure des fleuves.

PLONGEON IMBRIN.

(*Colymbus glacialis.* LINNÉ.)

L'imbrin habite les régions les plus septentrionales, et ne se voit en Europe que pendant les hivers rigoureux. Il est remarquable par la disposition des couleurs de son plumage blanc et noir, teinté de violet et de vert. Son cou est orné d'un double collier formé de traits blancs et noirs; le dos et les ailes sont couverts de petites taches quadrilatères blanches; tout le dessous du corps est blanc, Longueur, 0^m,72.

PLONGEON LUMME.

(Columbus arcticus. Linné.)

Le lumme ou grand plongeon a le plumage cendré-brun sur la tête et la nuque, noir à reflets violets sur la gorge et le haut du cou, où se trouve une plaque blanche traversée de petits traits noirs. Le derrière et la partie inférieure du cou sont aussi rayés longitudinalement de noir sur un fond blanc ; le dessous du corps blanc ; les ailes marquées de taches blanches arrondies. Longueur, $0^m,65$.

PLONGEON CAT-MARIN,

(Columbus septentrionalis. Linné.)

Cet oiseau, originaire aussi de l'Amérique du Nord, est assez rare en France ; mais, cependant, il y passe pendant les grands froids. Le cat-marin ou plongeon à gorge rouge a le bec moins long que celui des deux précédents ; la gorge, les côtés de la tête et du cou sont sont gris-souris ; le dessous de la tête et le derrière du cou sont rayés de noir et de blanc, tandis que le devant du cou est d'un beau rouge-marron. Le dessous du corps est blanc et les flancs bruns. Bec noir ; pattes vert-brun, avec des membranes blanchâtres. Longueur, $0^m,55$ à 60.

Cet oiseau se trouve assez communément, pendant l'hiver, sur les côtes du nord de la France.

GRÈBES.

Les grèbes, confondus souvent avec les plongeons, en diffèrent essentiellement ; ils n'ont pas, comme ces derniers, les pattes véritablement palmées, car leurs doigts portent seulement de chaque côté une membrane festonnée qui ne les réunit qu'à la base. Les grèbes, enfin, préfèrent les eaux douces à celles de la mer, et se trouvent dans tous les grands étangs ou marais. Ils plongent avec une grande rapidité et nagent fort longtemps entre deux eaux,

Quand on aperçoit un grèbe qui plonge, c'est à dix ou quinze pas à droite ou à gauche du point où on l'a vu disparaître qu'il faut le chercher, et si près de là se trouve une touffe de roseaux, il s'y réfugiera, en ayant le soin de ne laisser sortir de l'eau que son bec et quelquefois sa tête. Il s'éloigne peu des rives, et avec de la patience et du silence, on finira par trouver l'occasion de le tirer. Souvent même en le fatiguant et en le poussant d'assez près pour l'obliger à plonger plusieurs fois de suite, on pourra le prendre à la main.

GRÈBE OREILLARD.

(*Podiceps auritus.* Linné.)

Cet oiseau a de chaque côté une touffe de plumes noires sur la tête et une autre de plumes rousses sur les oreilles. La gorge, le cou, la poitrine et le dessus du corps sont d'un brun noirâtre ; le dessous du corps est blanc, sauf les flancs et les cuisses, qui sont brun-foncé. Le bec noir ; le bord libre des yeux rouge ; pattes d'un vert plus foncé en dehors qu'en dedans. Longueur $0^m,28$ à 30.

Cet oiseau est assez commun dans le midi de la France où il séjourne toute l'année, et il est de passage seulement dans le Nord.

GRÈBE HUPPÉ.

(Podiceps cristatus. Linné.)

Le grèbe huppé a le dessus de la tête et la nuque d'un noir lustré ; les plumes de l'occiput sont longues et forment une touffe aplatie de chaque côté ; gorge et joues blanches, avec une collerette d'un roux vif à sa partie supérieure, et noire à l'inférieure ; le dessous du corps est blanc-d'argent, un peu roussâtre dans certaines parties ; bec brun, rougeâtre en dessous, blanc à la pointe ; pattes nuancées de vert et de jaune. Longueur, 0ᵐ,50.

Cet oiseau, sans être commun en France, s'y trouve cependant assez répandu, et il passe au printemps et en automne.

GRÈBE JOUGRIS.

(Podiceps rubricollis. Latham.)

Le grèbe jougris ou à joues grises a les joues et la gorge d'un gris-souris, sans fraise ; le dessus de la tête est noir, et les plumes de l'occiput forment à certaines époques une petite huppe ; le dessus du corps est brun, le devant du cou et le haut de la poitrine roux ; le dessous du corps blanc-argenté, avec de petites taches brunâtres sur les flancs ; bec noir en dessus, jaune en dessous et à la base ; pattes nuancées de vert foncé et de vert plus clair. Longueur, 0ᵐ,40.

Cet oiseau est de passage assez régulier en France, mais il n'y est pas commun.

GRÈBE CASTAGNEUX.

(*Podiceps minor*. LATHAM.)

Cette espèce, la plus petite, est aussi celle qui se trouve le plus communément en France ; elle n'a ni huppe, ni collerette ; le dessus du corps est d'un brun roussâtre ; le dessous, d'un gris argentin. Longueur, $0^m,20$.

Le castagneux est sédentaire dans plusieurs parties de la France ; cependant on en trouve de passage au printemps et en automne.

GRÈBE CORNU OU ESCLAVON.

(*Podiceps cornutus*. LATHAM.)

Le grèbe cornu a une collerette noire et une touffe de plumes rousses sur les côtés de la tête ; le dessus du corps est noir, à reflets verdâtres sur la tête ; la gorge et les joues sont noires ; le dessous du corps est blanc-argentin avec les flancs roux ; bec noir, rouge à la pointe ; pattes vert-foncé. Longueur, $0^m,32$.

Cet oiseau est de passage irrégulier en France, et il est toujours rare.

———

Pour compléter ce que nous avons à dire des oiseaux que le chasseur ne néglige pas quand l'occasion de les tirer se présente, il nous reste à parler des colombes et de quelques échassiers ou palmipèdes. La description que nous en donnerons sera aussi abrégée que possible, mais suffira toujours pour permettre de les bien reconnaître.

COLOMBES.

Le passage de ces oiseaux a lieu au printemps et en automne ; mais c'est à cette dernière époque seulement que les diverses colombes méritent le coup de fusil, et encore ne sont-elles pas toujours en chair. Les jeunes de l'année sont préférables. C'est surtout dans le midi de la France que la chasse aux colombes ou palombes se fait en grand, parce que le passage est régulier et que les bandes sont nombreuses. Ces oiseaux sont très-sauvages, et il n'est pas toujours facile de les approcher, surtout lorsqu'ils sont en bandes. L'affût est le meilleur moyen à employer pour en tirer un bon nombre.

Vers le soir, les colombes se réunissent en bandes plus ou moins considérables et cherchent à s'établir, pour y passer la nuit, sur les branches les plus élevées d'un grand chêne, et reviennent plusieurs jours de suite à la même place. On reconnaît facilement l'arbre de leur choix aux fientes qui couvrent le sol, et c'est au pied de cet arbre que le chasseur doit se cacher longtemps avant le coucher du soleil, et se tenir prêt à tirer au moment où la volée viendra s'abattre sur l'arbre.

COLOMBE RAMIER.

(*Columba palumbus*. Linné.)

Une plaque de plumes blanches sur les côtés du cou ; bord externe des ailes blanc ; dessus du corps d'un cendré bleuâtre ; cou vert à reflets dorés et rougeâtres sur les côtés et à sa partie postérieure ; poitrine et devant du cou d'un rouge vineux à reflets. Longueur, 0ᵐ,35. De passage en février, octobre et novembre ; sédentaire dans les contrées chaudes ; niche sur les arbres élevés des forêts et des promenades des villes ; deux œufs blancs. *Pigeon ramier. Pa-lombe. Massart.*

COLOMBE COLOMBIN.

(*Columba œnas*. Linné.)

Deux taches noires sur les ailes, dont les pennes ont le bord externe noir ; teinte générale du plumage d'un gris cendré bleuâtre ; cou vert-vineux, à reflets violets métalliques ; épaules verdâtres, irisées. Longueur, $0^m,30$. De passage en France au printemps et en automne ; plus commun dans le Midi ; niche sur les arbres ; deux œufs blancs. *Pigeon sauvage. Petit ramier. Petit massart.*

COLOMBE BISET.

(*Columba livia*. Brisson.)

Croupion blanc ; bord externe des ailes d'un gris cendré ; deux bandes transversales noires séparées par une bande blanche ; une tache blanche à l'extrémité des scapulaires ; gorge verte ; cou vert-violet chatoyant. Longueur, $0^m,28$ à 30. De passage dans le midi de la France ; habite les côtes de la Méditerranée ; niche dans les trous des rochers ; deux œufs blancs un peu renflés.

COLOMBE TOURTERELLE.

(*Columba turtur*. Linné.)

Une plaque de petites plumes noires frangées de blanc et formant des croissants sur les côtés du cou ; bord externe des ailes d'un cendré bleuâtre ; devant du cou et poitrine d'une teinte vineuse claire. Les couvertures des ailes noires au centre, avec une large frange d'un brun roux ; queue noire bordée de blanc. Habite l'Europe. De passage au printemps et en automne ; niche dans les bois et les jardins. Deux œufs obtus aux deux bouts et d'un blanc pur. Longueur, 0^m,26.

FLAMANT.

(*Phenicopterus ruber*. LINNÉ.)

Le flamant est remarquable par son bec, qui semble difforme, par la longueur de son cou et de ses pattes, et par la couleur de son plumage. Le bec, plus long que la tête, épais et comme brisé par le milieu, est d'un beau rouge avec la pointe noire ; les pattes sont rouges, excessivement longues et commandent la longueur du cou. Le plumage est d'un blanc rosé, plus teinté sur la tête, le dos et la queue ; les pennes des ailes sont noires et les couvertures d'un beau rose vif. Longueur, 1^m,50 à 60. Cet oiseau est sédentaire dans le midi de la France, où l'on en voit souvent des troupes nombreuses sur les grands étangs des bords de la mer, et il ne s'éloigne qu'accidentellement pour aller dans le Nord.

Très-défiants, et surtout très-timides, les flamants ne se laissent pas approcher, et on ne parvient à les tuer que par surprise. Cependant, avant le lever et au coucher du soleil, ces oiseaux quittent les eaux salées pour se diriger vers des ruisseaux ou des sources d'eau douce, où ils viennent boire ; mais ils ont soin de prendre toutes les précautions nécessaires pour éviter les surprises. Ils s'élèvent très-haut dans les airs, tournent longtemps autour du point où ils veulent s'abattre ; et ce n'est qu'après un certain temps d'hésitation qu'ils se décident à descendre en abaissant leur vol, toujours circulaire jusqu'au moment où ils prennent terre. Le chasseur qui connaît le lieu où les flamants viennent à l'abreuvoir soir et matin, doit chercher une place convenable pour se bien cacher, et les attendre ainsi à l'affût.

On cite plusieurs exemples de captures importantes faites de la manière la plus extraordinaire. Ainsi, en 1839, on assomma un grand nombre de ces oiseaux, retenus par les pattes dans la glace d'un étang, près d'Aigues-Mortes, et le même fait avait été observé dans la même localité, en 1789.

La chair du jeune flamant est assez bonne, et, s'il faut en croire Apicius, la langue de cet oiseau est un mets délicieux.

GRUE CENDRÉE.

(*Grus cinerea.* Temminck.)

La couleur du plumage de cet oiseau est le gris-cendré plus ou moins foncé ; la tête, presque chauve et rougeâtre, présente quelques poils noirs ; le cou est blanc en dessus ; le front et le dessus des yeux sont noirs à reflets bleuâtres, et une bande blanche s'étend des yeux à la nuque ; quelques plumes des ailes sont allongées, arquées, à barbes soyeuses et forment une espèce de panache ; bec noir-verdâtre ; pattes noires. Longueur, 1^m,25.

Les grues volent très-haut, et pour voyager elles forment un triangle, ou, lorsque le vent est fort, un cercle irrégulier ; leur passage est indiqué par leur voix criarde. Ces oiseaux sont très-défiants et semblent établir toujours des sentinelles lorsqu'ils sont à terre. Les grues passent des régions froides dans les pays tempérés, mais sans s'arrêter longtemps pendant le voyage.

HÉRON CENDRÉ.

(*Ardea cinerea*. Linné.)

Le plumage du héron cendré ou huppé est d'un cendré bleuâtre ; le front et le sommet de la tête sont blancs, et l'occiput présente une huppe noire ; le devant du cou est blanc parsemé de larmes noires, et le bas est garni de plumes d'un gris blanc, longues et étroites ; la poitrine est traversée par une bande noire ; le bec est jaunâtre ; les pattes verdâtres, et la peau nue des yeux est- violacée. Longueur, 1ᵐ,06 à 08.

Le héron vit solitaire sur le bord des eaux, et reste souvent pendant des heures entières dans l'immobilité la plus complète, posé sur une patte, le corps presque droit et le cou replié le long de la poitrine. S'il guette une proie, il est dans l'eau jusqu'au-dessus du genou, le cou replié de manière à placer la tête entre les jambes et prête à darder cette proie à l'aide d'un bec effilé et résistant.

Cet oiseau se montre constamment triste et insensible, et il ajoute au malheur de sa chétive existence les tourments de la crainte et une inquiétude perpétuelle. C'est sur les arbres les plus élevés que ces oiseaux établissent leur nid. Le héron est sédentaire dans le midi de la France, et de passage seulement dans le Nord.

HÉRON POURPRÉ.

(*Ardea purpurea*. LINNÉ.)

Le héron pourpré a la tête noire à reflets verdâtres; deux longues plumes effilées partent de l'occiput. Le derrière du cou est nuancé de marron clair et de roux avec une ligne longitudinale noire. Le dessus du corps est gris lavé de roussâtre. Devant du cou, blanc-roussâtre, avec de longues taches longitudinales d'un noir pourpré, et une large touffe de plumes longues, blanches ou grises. Poitrine et flancs pourprés; ventre cendré; bec jaune-brun; pattes d'un vert brun. Longueur, 0^m,89.

Cet oiseau est de passage en France; il a à peu près les mêmes habitudes que le héron cendré.

HÉRON BUTOR.

(*Ardea stellaris*. LINNÉ.)

Le butor doit son nom au cri, semblable à un mugissement, qu'il fait entendre le matin et le soir (*bos taurus*). Cet oiseau a le sommet de la tête noir, et il porte de larges moustaches noires. Son plumage est varié de roux ferrugineux et de noir; le cou paraît démesurément gros à cause du développement énorme des plumes qui le couvrent. Bec brun; pattes verdâtres. Longueur, 0^m,68.

Le butor est plus craintif encore que les précédents; il se tient caché pendant toute la journée dans les roseaux et ne se met en mouvement que vers le soir. Blessé ou démonté seulement, cet oiseau se défend avec courage, et donne des coups de bec qu'il est prudent d'éviter.

HÉRON BLONGIOS.

(*Ardea minuta*. LINNÉ.)

Le blongios a le dessus de la tête, le dos et la queue d'un noir à reflets verdâtres, et le reste à peu près du plumage d'un jaune roux clair; le bec est jaune avec la pointe brune; les pieds d'un vert jaunâtre. Longueur, $0^m,35$.

Le petit héron est de passage en France, mais il arrive tard et part de bonne heure.

HÉRON CRABIER OU DE MAHON.

(*Ardea comata*. PALLAS.)

Cet oiseau a sur le haut de la tête de longues plumes jaunâtres, marquées de stries longitudinales noires; de l'occiput part un faisceau de plumes longues, étroites, blanches et liserées de noir. Le cou et le dessus des ailes d'un roux clair; les plumes du dos sont longues, effilées et brunes; le reste du plumage est d'un blanc pur. Bec bleu à la base, noir à l'extrémité; pattes nuancées de vert et de jaune. Longueur, $0^m,40$.

Le crabier est de passage régulier dans le midi de la France, très-rare dans le Nord.

HÉRON AIGRETTE.

(*Ardea alba*. LINNÉ.)

L'aigrette a tout le plumage d'un blanc pur, une petite huppe pendante à l'occiput; les plumes du dos, très-longues, à barbes rares et effilées, peuvent se relever à vo-

15.

lonté ; bec jaune-verdâtre, et quelquefois un peu noir à la pointe ; pattes vert-olive. Longueur, 1ᵐ,00.

L'aigrette habite les régions du sud-est de l'Europe et le nord de l'Afrique ; elle est de passage accidentel et irrégulier en France.

HÉRON GARZETTE.

(*Ardea garzella*. Linné.)

La garzette a aussi tout le plumage blanc ; une huppe occipitale formée de deux ou trois plumes longues et effilées ; les plumes du dos beaucoup moins longues que celles de l'aigrette, et rares et soyeuses. Bec noir ; pattes olive-foncé. Longueur, 0ᵐ,50.

Cet oiseau vient des contrées méridionales de l'Asie et orientales de l'Europe ; il est de passage assez régulier dans le midi de la France.

BIHOREAU.

(*Ardea nycticorax*. Linné.)

Le bihoreau a le front, la gorge, le devant du cou et les parties inférieures d'un blanc pur ; le sommet de la tête, l'occiput, le dos et les scapulaires d'un noir brillant, à réflets bleuâtres ou verdâtres. Trois ou cinq plumes blanches, effilées, longues de 20 à 22 centimètres, partent de la nuque et flottent sur le cou. Bec noir et jaunâtre à la base ; pattes jaune-verdâtre. Longueur, 0ᵐ,45 à 50.

Cet oiseau n'est pas très-rare dans le midi de la France ; il vit sur le bord de la mer et dans les marais. Il reste caché pendant le jour et ne se met en mouvement qu'à l'approche de la nuit, en faisant entendre un cri qui a quelque analogie avec celui qui accompagne un effort pour vomir.

CIGOGNE BLANCHE.

(Ciconia alba. Brisson.)

La cigogne blanche a tout le plumage d'un blanc pur ; les ailes seules sont noires, les plumes du cou très-longues ; bec et pattes rouges. Longueur, 1ᵐ,20.

Cet oiseau, de passage en France, est très-commun en Alsace. Il établit son nid sur les cheminées des maisons élevées ; on le trouve aussi sur les bords des marais, où il vient chercher sa nourriture.

CIGOGNE NOIRE.

(Ciconia nigra. Temminck.)

Le plumage de cet oiseau est d'un brun noirâtre à reflets violets, verts et pourprés ; le ventre seul est blanc ; bec et pattes rouges. Longueur, 1ᵐ,00.

La cigogne noire habite l'Europe orientale et se montre quelquefois en France dans les marais boisés ; elle est très-sauvage et recherche les lieux peu fréquentés.

SPATULE BLANCHE.

(Platalea leucorodia. Linné)

La spatule ou palette est entièrement blanche, avec une large bande roux-jaunâtre au bas du cou. Le bec droit, aplati, flexible, en forme de spatule et arrondi à l'extrémité, de

couleur noire et traversé de bandes jaunes ; pattes noires.
Longueur, 0m,70.

La spatule habite le nord et l'orient de l'Europe ; elle
est de passage assez régulier en France. On la trouve sur
le bord des grandes rivières, au milieu des roseaux.

IBIS FALCINELLE.

(Ibis falcinellus. VIEILLOT.)

Cet oiseau a la tête, le cou, le haut du dos et une partie
des scapulaires d'un beau roux-marron ; le dos, le croupion et la queue d'un vert foncé à reflets pourprés. Le bec,
long et arqué, est vert à la base et brun à l'extrémité ; les
pattes vert-olive. Longueur, 0m,60.

L'ibis est de passage accidentel dans le midi de la France,
où l'on en voit quelquefois de petites bandes de quatre ou
cinq. Cet oiseau ressemble beaucoup au courlis par sa
forme ; il se laisse facilement approcher, et il est rare qu'on
ne parvienne pas à détruire toute la bande.

GOÉLAND A MANTEAU NOIR.

(Larus marinus. LINNÉ.)

Ce goéland a la tête, le cou et tout le dessous du corps
blanc ; le haut du dos et les ailes d'un noir bleuâtre. Bec
jaune livide ; pattes d'un blanc bleuâtre. Longueur, 0m,60.

Le goéland à manteau noir vient des régions septentrionales de l'Europe ; il passe en France par bandes assez
nombreuses dès le commencement de l'automne en suivant
les côtes de la mer sans trop s'en écarter. Il se laisse facilement attirer à la vue de la dépouille empaillée d'un individu de son espèce.

GOÉLAND BOURGMESTRE.

(*Larus glaucus.* Brunn.)

Cet oiseau a la tête et le cou d'un blanc pur et le dessus du corps d'un cendré bleuâtre clair ; bec jaune ; pattes livides. Longueur, 0ᵐ,70.

Le bourgmestre vient du nord de l'Europe, et ce n'est que très-irrégulièrement qu'il se montre en France.

STERNE CAUJECK.

(*Sterna major.* Brisson.)

Connu aussi sous le nom d'hirondelle de mer criarde, cet oiseau a le sommet de la tête blanc tacheté de noir ; la nuque, le cou, le dessous du corps et la queue blancs ; le dos et les ailes d'un cendré bleuâtre velouté et tacheté de noir. Bec noir à la base, jaune à la pointe ; pattes noires. Longueur, 0ᵐ,40.

En été cet oiseau a le sommet de la tête noir. On le voit assez communément sur les côtes de France, du mois de mai au mois de septembre.

STERNE PETITE.

(*Sterna minuta.* Linné.)

Cet oiseau est plus connu sous le nom de petite hirondelle de mer. Il a le dessus de la tête noir et le dessus du corps d'un cendré bleuâtre ; les parties inférieures blanches. Bec jaune avec la pointe noire ; pattes rouges. Longueur, 0ᵐ,20.

La petite hirondelle de mer est assez commune sur les

côtes de France et même dans l'intérieur, où elle suit les grands cours d'eau.

GRAND CORMORAN.

(*Phalacrocorax carbo*. Cuvier.)

Le grand cormoran a tout le plumage d'un noir-vert à reflets bronzés. Sa gorge est nue et forme une petite poche jaune bordée d'un large collier blanc. Les côtés du cou garnis de petites plumes blanches striées de noir. Les plumes du sommet de la tête et de l'occiput assez allongées. Bec et pattes noirs. Longueur, 0^m,75.

Ce cormoran est originaire du nord de l'Europe ; il est de passage régulièrement en France, où on le trouve sur les bords de la mer. Il est très-habile à la pêche et plonge profondément à la poursuite des poissons.

CORMORAN HUPPÉ OU LARGUP.

(*Phalacrocorax cristatus*. Ch. Bonaparte.)

Le plumage du cormoran huppé est d'un vert foncé à reflets bronzés. Les plumes du vertex et de l'occiput sont assez longues et forment une huppe que cet oiseau redresse à volonté. Bec brun à l'extrémité, jaune à la base ; pattes noires. Longueur, 0^m,60.

Ce cormoran se trouve sur les côtes méridionales de la France, où il est de passage.

FOU DE BASSAN.

(*Sula Bassana*. Brisson.)

Cet oiseau est le *margat* des pêcheurs ; son plumage est

blanc ; mais les plumes de l'occiput et de la nuque sont jaunâtres et celles des ailes sont très-noires. Bec livide bleuâtre ; pattes vert-olive. Le fou de Bassan habite les mers du Nord, et on n'a l'occasion de le voir sur les côtes de France qu'à la suite de coups de vent violents.

MACAREUX MOINE.

(*Fratercula arctica.* Vieillot.)

Le macareux ou perroquet du Nord a les joues et les côtés de la tête d'un blanc grisâtre ; le dessus de la tête et le dos noirs ; un collier de même couleur sur le cou ; le dessus du corps blanc. Pattes rouge-orangé. Bec singulièrement comprimé sur les côtés, gris, bleuâtre à la base, jaune au milieu, rouge à la pointe et présentant trois sillons à la mandibule supérieure et deux seulement à l'inférieure, et une rosace jaune aux commissures. Longueur, 0^m,30.

Le macareux habite les mers du Nord ; il nage et plonge avec une grande facilité, et quoique fort mal organisé pour le vol, il entreprend cependant de longs voyages. Cet oiseau est de passage sur les côtes de l'Océan.

FIN.

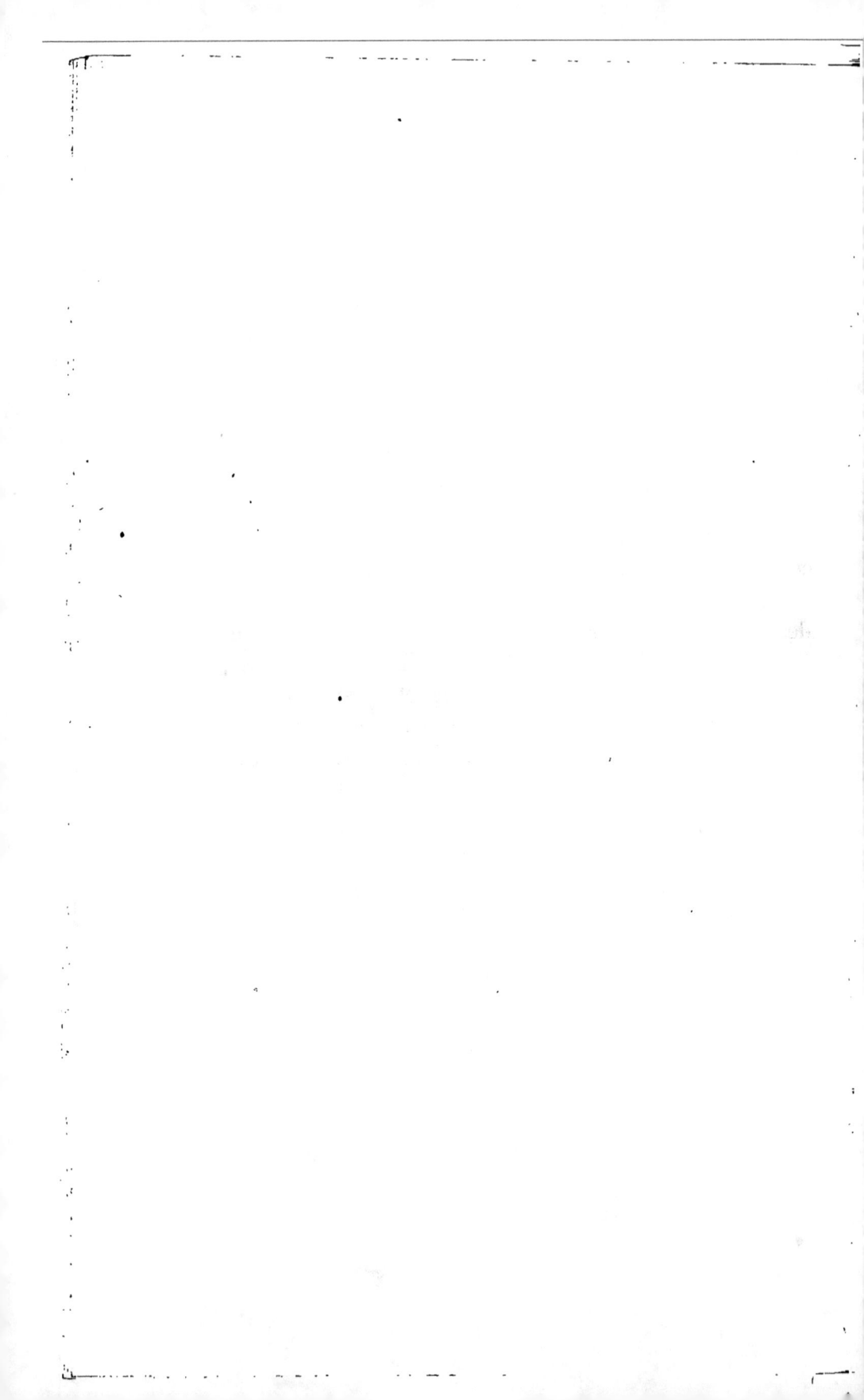

TABLE DES MATIÈRES.

	Pages.	Planches.
OISEAUX DE PLAINE ET DE BOIS	1	
Perdrix	1	
Perdrix grise	15	1
Perdrix de montagne	17	2
Perdrix de passage	17	
Perdrix rouge	20	3
Perdrix bartavelle	24	Vignette.
Perdrix rochassière	26	3
Perdrix gambra	28	Vignette.
Caille	29	4
Faisan commun	38	5.6.7
Tétras	45	
Coq de bruyères	45	8
Tétras birkhan	48	9
Tétras rakkelhan	49	10
Gelinotte	50	11
Lagopède (perdrix blanche)	52	12
Grouse	54	Vignette.
Ganga cata	56	13
Francolin à collier roux	57	14
Outarde barbue	58	15
Outarde canepetière	62	16
Outarde houbara	63	Vignette.
OEdicnème criard	65	Vignette.
Vanneau huppé	66	17
Vanneau pluvier	69	17
Vanneau keptushka	70	Vignette.
Pluvier doré	72	18

Pluvier guignard. 73   18
Pluvier rebaudet. 74.   19
Pluvier gravelotte 74   Vignette.
Pluvier à collier interrompu. 75   20
OISEAUX DE RIVAGE OU DE MARAIS. 77
Courlis cendré. 78   • 21
Courlis corlieu. 79   22
Courlis à bec grêle 79   23
Barge commune 81   24
Barge rousse. 81   25
Echasse. 82   Vignette.
Avocette. 84   Vignette.
Huîtrier pie 85   Vignette.
Chevalier arlequin 89   26
Chevalier gambette. 89   32
Chevalier stagnatile 90   27
Chevalier semi-palmé. 90   28
Chevalier guignette. 91   29
Chevalier aboyeur 92   30
Chevalier cul-blanc. 92   30
Chevalier sylvain. 93   30
Chevalier combattant. 94   31
Bécasse. 97   Vignette.
Double bécassine. 103   Vignette.
Bécassine 104   33
écassine sourde 105   Vignette.
Bécasseau maubèche 107   34
Bécasseau cocorli. 107   34
Bécasseau temmia 107   35
Bécasseau violet 108   35
Bécasseau brunette. 108   36
Bécasseau platyrhinque. 108   36
Bécasseau échasse 109   37
Bécasseau variable 109   38
Tourne-pierre à collier 110   39
Râle de genêt 111   Vignette.
Râle d'eau. 114   Vignette.
Râle marouette. 115   Vignette.
Râle poussin. 116   41
Râle baillon 117   40

Poule d'eau . . . . 117 Vignette.
Foulque. . . . . 119 Vignette.
OISEAUX D'EAU 122
Oie cendrée. 125 42
Oie commune 126 43
Oie rieuse. 126 44
Oie bernache 127 45
Oie cravant . . . . 127 Vignette.
Cygne sauvage. 128 46
Canards. 131
Canard tadorne 137 47
Canard souchet 140 48
Canard sauvage 142 48
Canard chipeau 143 49
Canard siffleur. 144 50
Canard pilet. 145 51
Sarcelle d'été 147 52
Sarcelle d'hiver. 148 52
Canard garrot 149 53
Canard miclon. 150 53
Canard milouin 151 54
Canard milouinan 152 54
Petit milouin 153 55
Canard morillon 153 55
Canard eider. 154 56
Canard siffleur huppé. 155 56
Macreuse 156 57
Double macreuse. 158 57
Harle bièvre. 158 58
Harle piette. 160 58
Harle huppé. 161 59
Harle couronné 161 60
Plongeon imbrin 162 61
Plongeon lumme 163 62
Plongeon cat marin. 163 62
Grèbe oreillard. 164 63
Grèbe huppé. 165 64
Grèbe jougris 165 65
Grèbe castagneux 166 66
Grèbe cornu 166 65

Colombe ramier 167   67

Colombe colombin 168   67

Colombe biset 168   68

Colombe tourterelle. 168   68

Flamant. 169   69

Grue cendrée 170   70

Héron cendré. 171   71

Héron pourpré. 172   72

Héron butor. 172   75

Héron blongios. 173   76

Héron crabier 173   73

Héron aigrette 173   74

Héron garzette. 174   74

Bihoreau 174   77

Cigogne blanche 175   78

Cigogne noire 175   79

Spatule blanche 175   80

Ibis falcinelle 176   81

Goéland à manteau noir. 176   82

Goéland bourgmestre 177   83

Sterne caujeck. 177   84

Sterne petite. 177   85

Grand cormoran 178   86

Cormoran largup. 178   87

Fou de Bassan 178   88

Macareux moine 179   89

PARIS. — IMPRIMERIE CENTRALE DE NAPOLÉON CHAIX ET Cⁱᵉ, RUE BERGÈRE, 20.

Pl. 1.

Perdrix grise. *Perdix cinerea* LINNÉ.

Variété de montagne et panachée.

Pl. II.

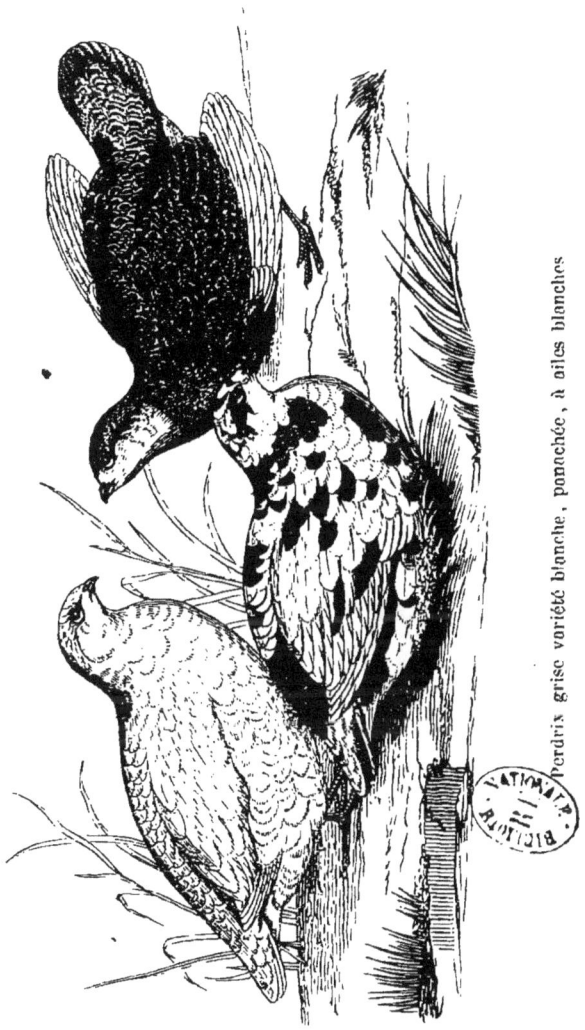

Perdrix grise variété blanche, panachée, à ailes blanches.

Pl. III

Perdrix rouge *Perdix rubra* Brisson   Variété blanche et rochassière.

Pl. IV.

Caille. *Coturnix dactylisonans*. TEMMINCK.

Pl. V

Faisan commun. *Phasianus colchicus*, LINNÉ.

Pl. VIII.

BEVALET

Faisan panaché : Faisan à collier ; Faison blanc.

Imp. Schneider.

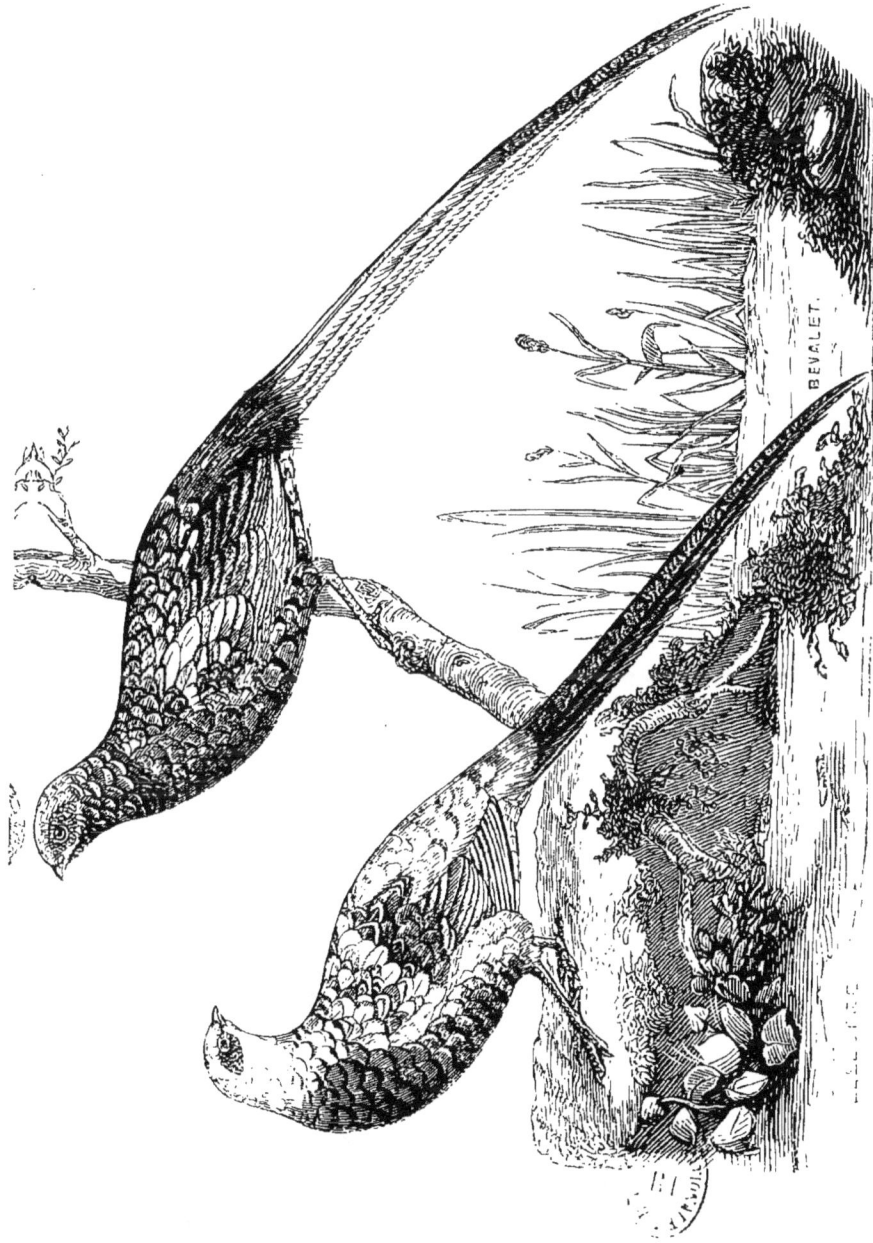

BEVALET.

Faisans panachés.

Pl. VIII.

Coq de bruyères. *Tetrao urogallus*. LINNÉ.

Pl. IX.

Tétras à queue fourchue. *Tetrao tetrix.* LINNÉ.

Pl. X.

Tétras rakkelhan. *Tetrao medius* Temminck.

Pl. XI.

Gelinotte. *Tetrao bonasia*. LINNÉ.

Pl. XII.

LESESTRE

BEVALET

Lagopède. *Tetrao lagopus*. LINNÉ.

Pl. XIII.

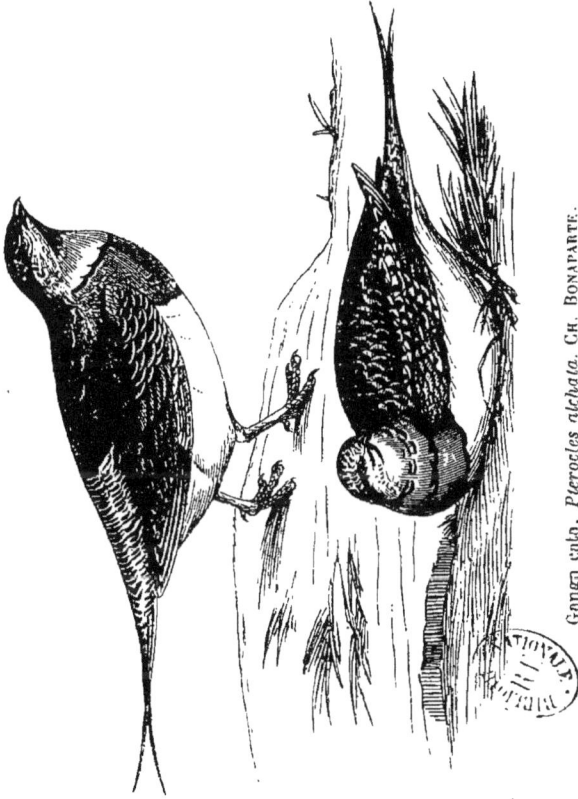

Ganga cata. *Pterocles alchata.* Ch. Bonaparte.

Pl. XIV.

Francolin à collier roux. *Perdix francolinus* LATHAM.

Pl. XV.

Grande Outarde barbue. *Otis tarda* LINNÉ.

Pl. XVI.

Outarde canepetière. *Otis tetrax.* LINNÉ.

Pl. XVII.

LESESTRE.   BEVALET

Vanneau huppé. *Vanellus cristatus* MEYER.

BEVALET.   LESESTRE

Vanneau pluvier. *Vanellus helveticus.* BRISSON

LESESTRE

BEVALET

Pluvier guignard. *Charadrius morinellus*. LINNÉ

Pluvier doré. *Charadrius pluvialis*. LINNÉ.

Pl. XIX.

Pluvier rebaudet. *Charadrius hiaticula*. LINNÉ.

Pl. XX.

Pluvier à collier interrompu. *Charadrius cantianus*. LATHAM.

Imp. Schneider.

Pl. XXI.

Courlis cendré. *Numenius arquatus*. LINNÉ.

Pl. XXII.

Courlis corlieu. *Numenius phæopus.* LATHAM

Pl. XXIII.

Courlis à bec grêle. Numenius tenuirostris. VIEILLOT

PL. XXIV.

Barge à queue noire. *Limosa melanura.* TEMMINCK.

Pl. XXV.

Barge rousse. *Limosa rufa.* BRISSON.

Schneider

Pl. XXVI.

Chevalier arlequin. *Totanus fuscus.* MEYER.

Imp. Schneider.

Pl. XXVII.

Chevalier stagnatile. *Totanus stagnatilis.* BECHSTEIN.

Pl. XXVIII.

Chevalier semipalmé. *Totanus semipalmatus.* VIEILLOT.

Imp. Schneider.

Pl. XXIX.

Chevalier guignette. *Totanus hypoleucos* LINNÉ.

Pl. XXX.

Chevalier aboyeur. *Totanus glottis*. TEMMINCK.

Chevalier cul-blanc
Totanus ochropus. LINNÉ.

Chevalier sylvain
Totanus glareola. TEMMINCK.

Imp. Schneider.

Pl. XXXI.

Chevalier combattant. *Machetes pugnax*. CUVIER

Imp. Schneider.

Pl. XXXII.

Chevalier gambette. *Totanus calidris.* BECHSTEIN.

Imp. Schneider.

Pl. XXXIII.

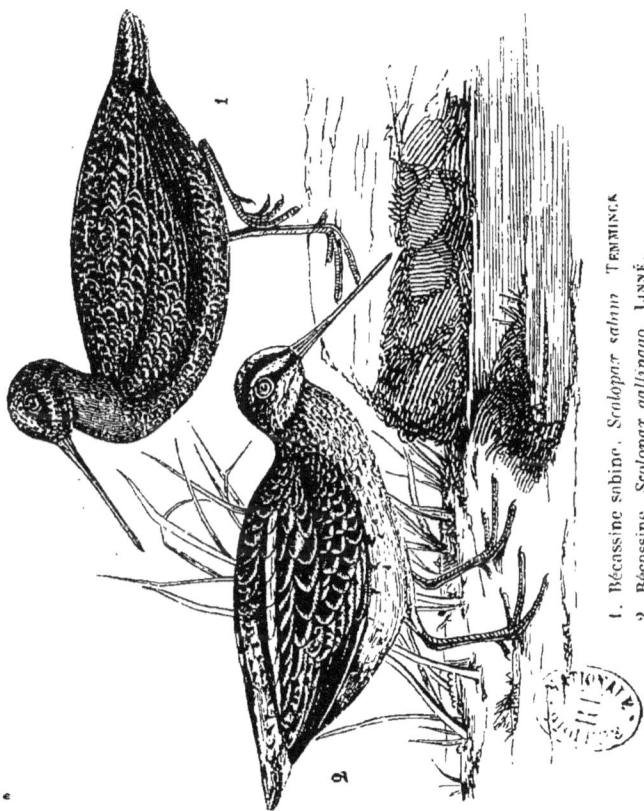

1. Bécassine sabine. *Scolopax sabini*. TEMMINCK.
2. Bécassine. *Scolopax gallinago*. LINNÉ.

Pl. XXXIV

Bécasseau corcoli. *Tringa subarquata* TEMMINCK

Bécasseau maubèche. *Tringa canutus.* LINN.

Imp. Schneider.

Pl. XXXV.

Bécasseau temmia. *Tringa Temminckii*. LEISLER.

Bécasseau violet. *Tringa maritima*. BRÜNN.

Pl. XXXVI

Bécasseau platyrhinque. *Tringa pygmæa*. TEMMINCK.

Bécasseau brunette. *Tringa torquata* BRISSON.

Pl. XXXVII.

Bécasseau échasses *Tringa minuta.* LEISLER.

Imp Schneider.

Pl. XXXVIII.

Sanderling variable ou des sables. *Arenaria calidris*. MEYER

Pl. XXXIX.

Tourne-pierre à collier *Strepsilas interpres*. LINNÉ

Imp Schneider.

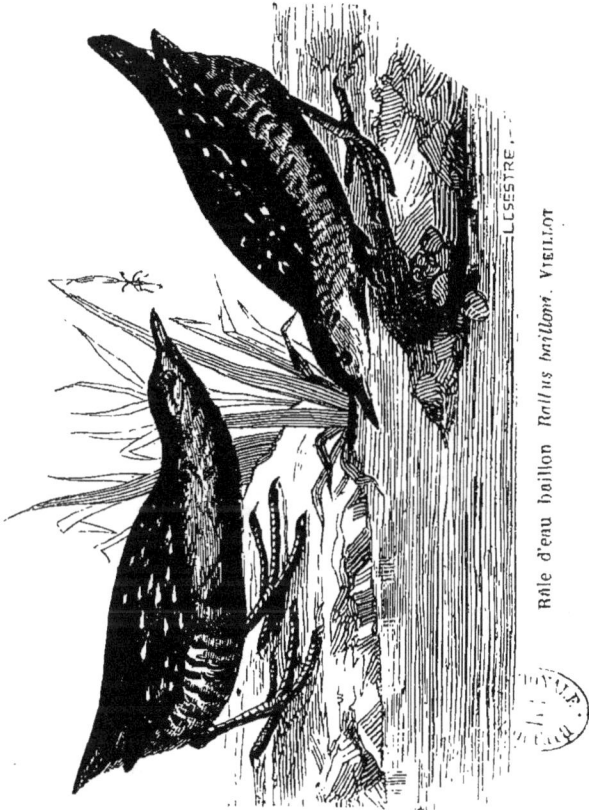

Râle d'eau baillon *Rallus bailloni.* VIEILLOT

LESESTRE.

Imp. Schneider.

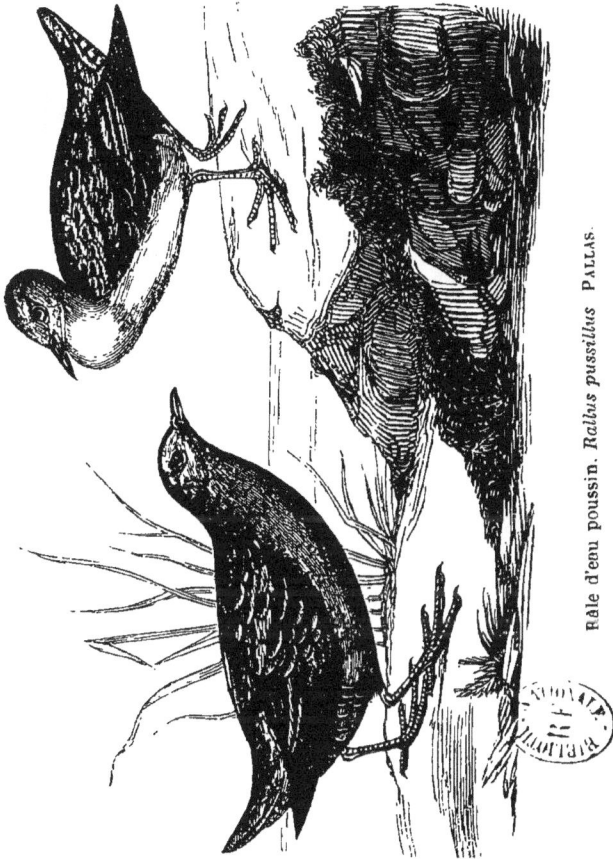

Râle d'eau poussin. *Ralus pussilus* PALLAS.

Pl. XLII

Oie cendrée ou première. *Anser ferus.* Linné.

Pl. XLIII.

Oie sauvage. *Anser sylvestris.* BRISSON

Pl. XLIV.

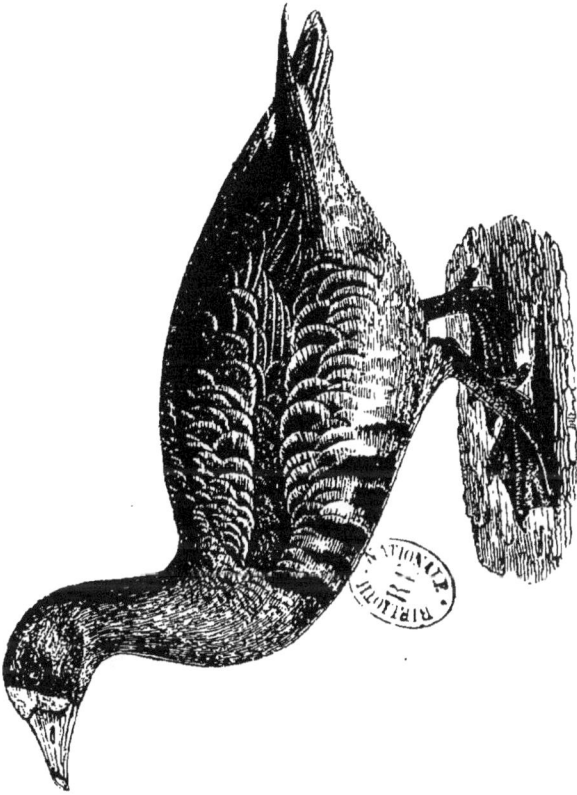

Oie rieuse. Anser albifrons. GMELIN

Pl. XLV.

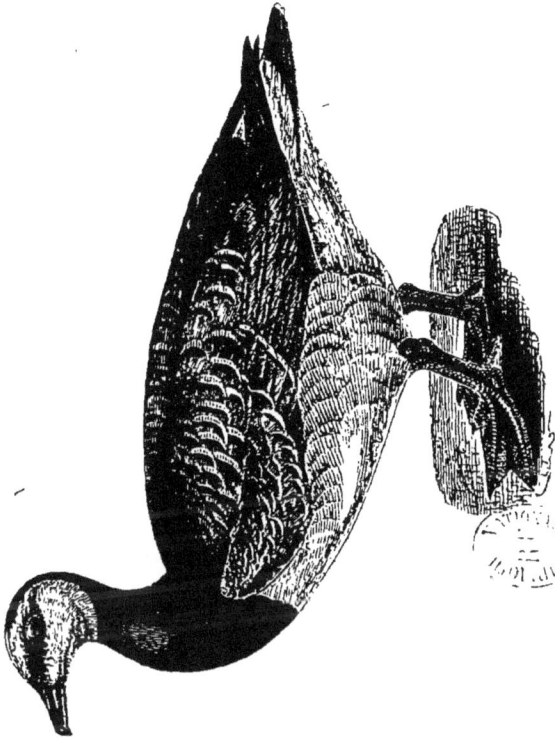

Oie bernache, *Anser. erythropus*. LINNÉ.

Pl. XLVI

Cygne sauvage. *Cygnus ferus.* LINNÉ.

Imp Schneider

Pl. XLVII

Canard tadorne. *Anas tadorna*. LINNÉ.

Pl XLVIII.

Canard Souchet. *Anas clypeata*. Linné

Canard sauvage. *Anas boschas*. Linné

Imp. Schneider.

Pl. XLIX.

Canard chipeau ou ridenne. *Anas strepera.* LINNÉ

Pl. L.

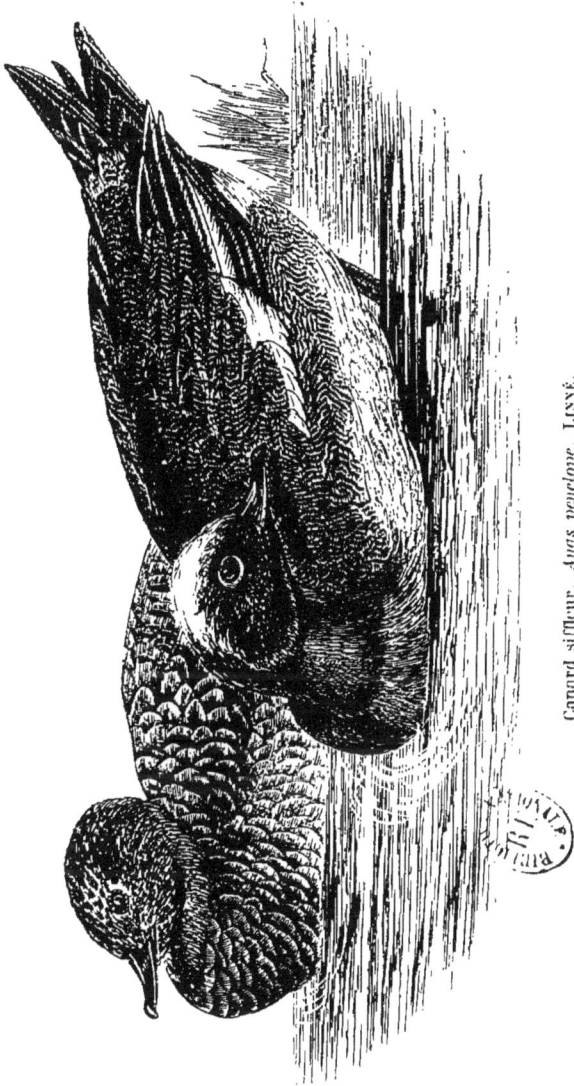

Canard siffleur. *Anas penelope.* LINNÉ.

Pl. LI.

Canard Pilet. *Anas acuta*. LINNÉ.

Pl. LII.

Sarcelle d'été. *Anas querquedula*. LINNÉ.

Sarcelle d'hiver. *Anas crecca*. LINNÉ.

Imp: Schneider

Pl. LIII.

Canard de Miclon. *Anas glacialis.* LINNÉ

Canard garrot. *Anas clangula.* LINNÉ

Imp. Schneider.

Pl LIV.

Canard milouin *Anas ferina*. Linné.

Canard milouinan. *Anas marila*. Linné.

Imp. Schneider.

Pl. LV.

LESESTRE.   BEVÁLET

Canard à iris blanc. *Anas nyroca*. GMELIN

BƳALET   LESESTRE

Canard morillon. *Anas fuligula*. LINNÉ.

Pl. LVI.

Canard siffleur huppé. *Anas rufina*. LINNÉ.

Canard eider. *Anas mollissima*. LINNÉ.

Imp. Schneider.

Pl. LVII.

Canard macreuse. *Anas nigra.* Linné.

Canard double macreuse. *Anas fusca.* Linné.

Imp. Schneider.

Pl. LVIII

Harle piette. *Mergus albellus*. LINNÉ.

Harle bièvre. *Mergus merganser*. LINNÉ.

Imp. Schneider.

Pl. LIX.

Marle huppé. *Mergus serrator.* LINNÉ.

Imp. Schneider.

Pl. LX.

Harle couronné. *Mergus cucullatus.* LINNÉ.

Pl. LXI.

Plongeon imbrin. *Colymbus glacialis.* Linné.

Pl. LXII.

Plongeon lumme. *Colymbus articus*. Linné.

Plongeon cat-marin. *Colymbus septentrionalis*. Linné.

Pl. LXIII.

Grèbe oreillard *Podiceps auritus* LATHAM

Pl. LXIV.

Grèbe huppé. *Podiceps cristatus.* LATHAM.

Pl. LXV.

Grèbe cornu. *Podiceps cornutus.* LATHAM.

Grèbe jougris. *Podiceps rubricollis.* LATHAM.

Pl. LXVI.

Grèbe castagneux. *Podiceps minor* LATHAM

Pl. LXVII.

Colombe colombin. *Columba œnas* LINNÉ.

Colombe ramier. *Columba palumbus.* LINNÉ

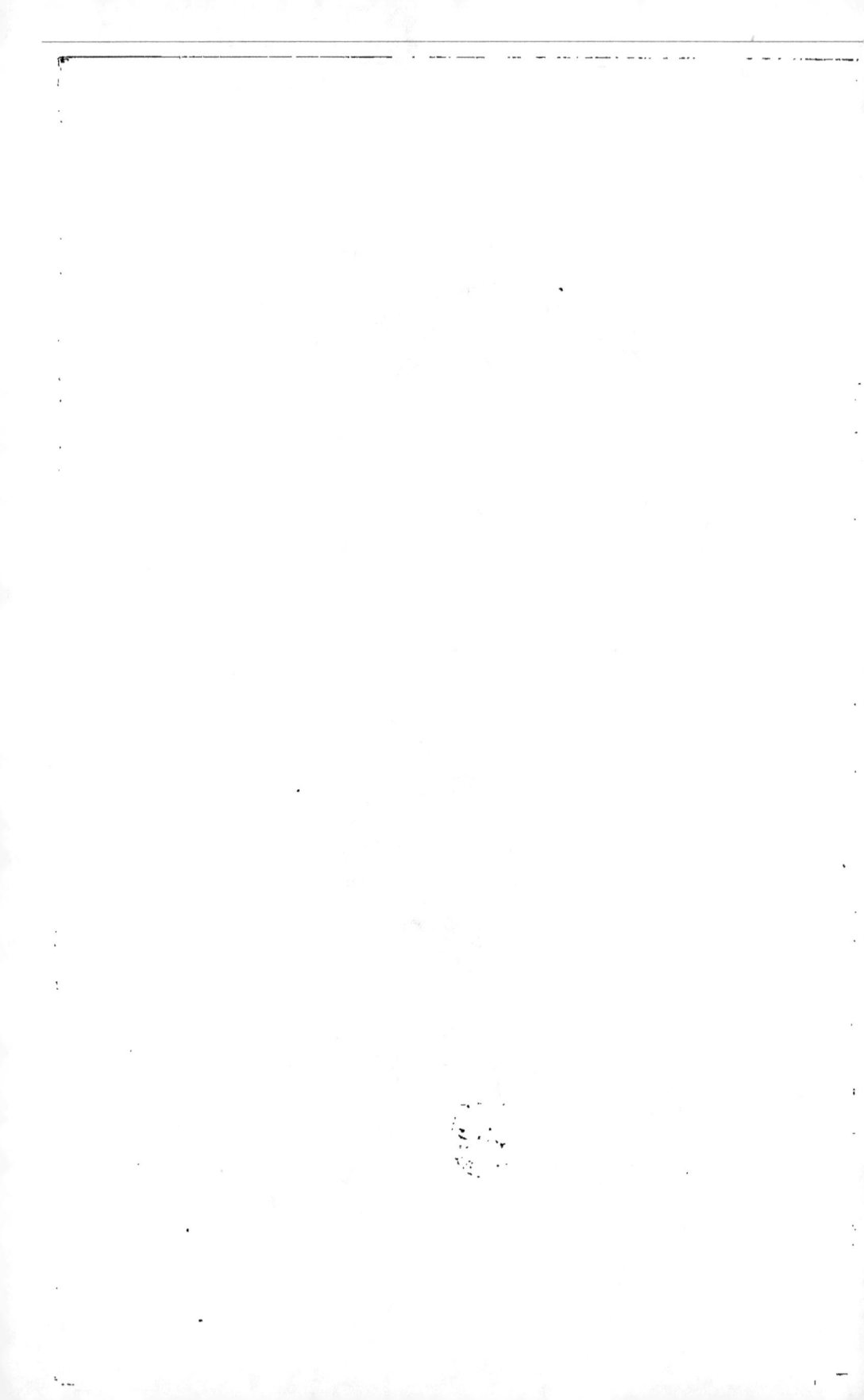

Pl. LXVIII.

Colombe biset. *Columba licia*. Buisson.

Colombe tourterelle *Columba turtur* Linné

Pl. LXX.

Grue cendrée. *Grus cinerea.* MEYER.

Pl. LXXI.

Héron cendré. *Ardea cinerea* LINNÉ.

Pl. LXXII.

Héron pourpré. *Ardea purpurea.* Linné.

Pl. LXXIII.

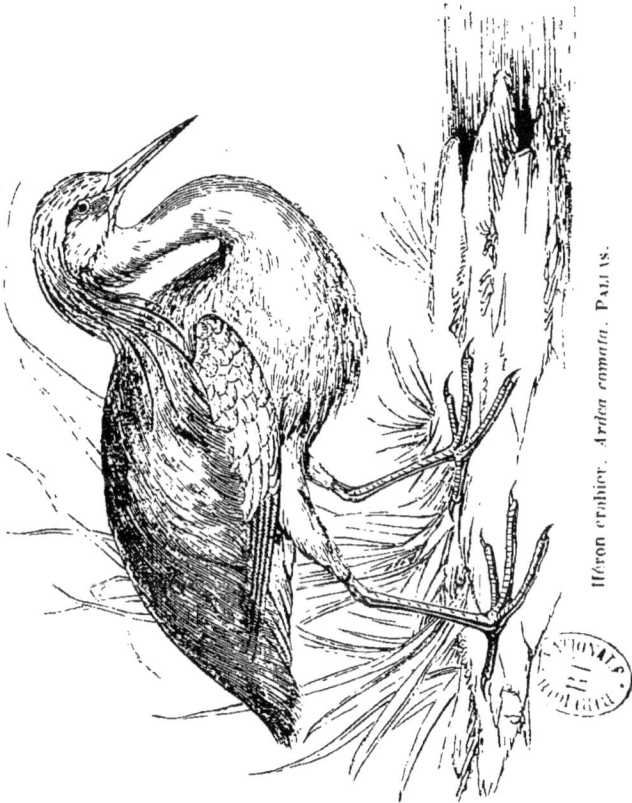

Héron crabier. *Ardea comata*. PALLAS.

Pl. LXXIV.

Héron aigrette *Ardea alba*. Linné

Héron garzette. *Ardea garzetta*. Linné

Imp. Schneider

Pl. LXXV.

Héron butor. *Ardea stellaris*. LINNÉ

Pl. LXXVI.

Héron blongios. *Ardea minuta*. LXXVI.

Pl. LXXVII.

Bihoreau. *Ardea nycticorax.* Linné.

Pl. LXXVIII

Cigogne blanche. *Ciconia alba*. Brisson

Imp. Schneider

Pl. LXXIX

Cigogne noire. *Ciconia nigra* Linn.

Pl. LXXX.

Spatule blanche. *Platalea leucorodia* Linné

Imp. Schneider.

Pl. LXXXI.

Ibis falcinelle. *Ibis falcinellus*. VIEILLOT

Pl. LXXXII

Goéland à manteau noir. *Larus marinus.* LINNÉ.

Pl. LXXXIII

Goéland bourgmestre. *Larus glaucus.* Bruxn.

Imp. Schneider.

Pl. LXXXIV.

Sterne caugek. *Sterna major.* Brisson.

Imp. Schneider

Pl. LXXXV.

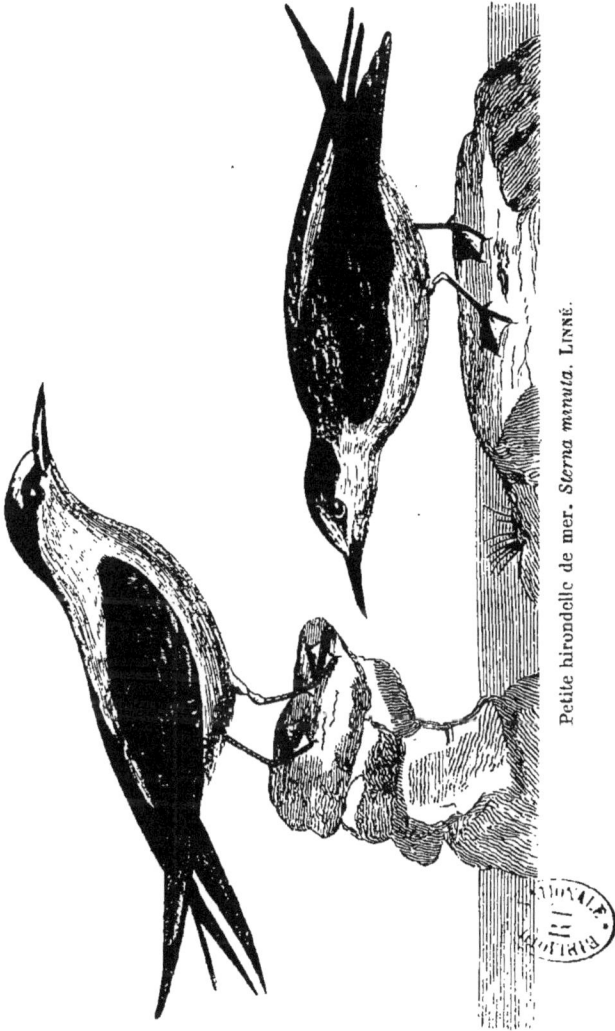

Petite hirondelle de mer. *Sterna minuta*. LINNÉ.

Imp. Schneider.

Pl. LXXXVI.

Cormoran ordinaire *Phalacrocorax carbo.* CUVIER

Imp. Schröder.

Pl. LXXXVII.

Cormoran huppé. *Phalacrocorax cristatus*. Ch. Bonaparte.

Imp. Schneider.

Pl. LXXXVIII

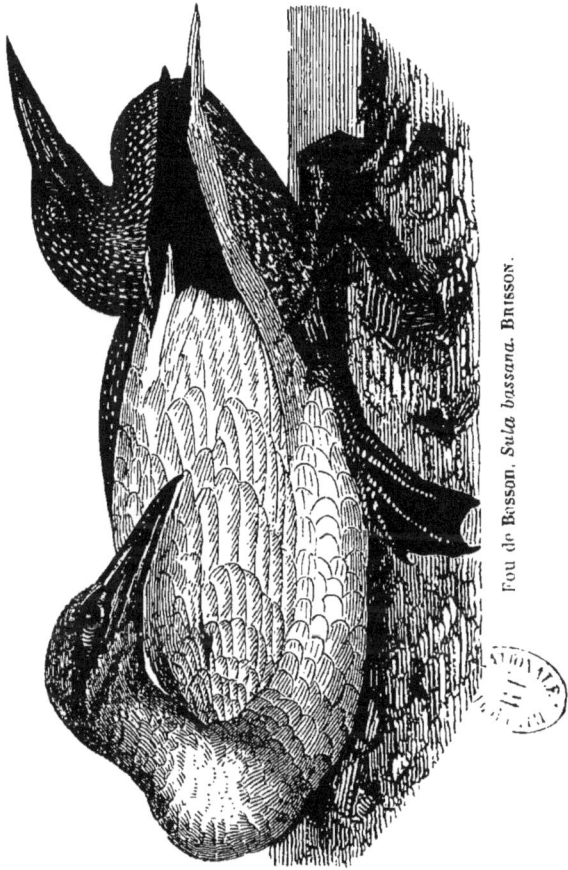

Fou de Bassan. *Sula bassana.* BRISSON.

Imp. Schneider.

Pl. LXXXIX.

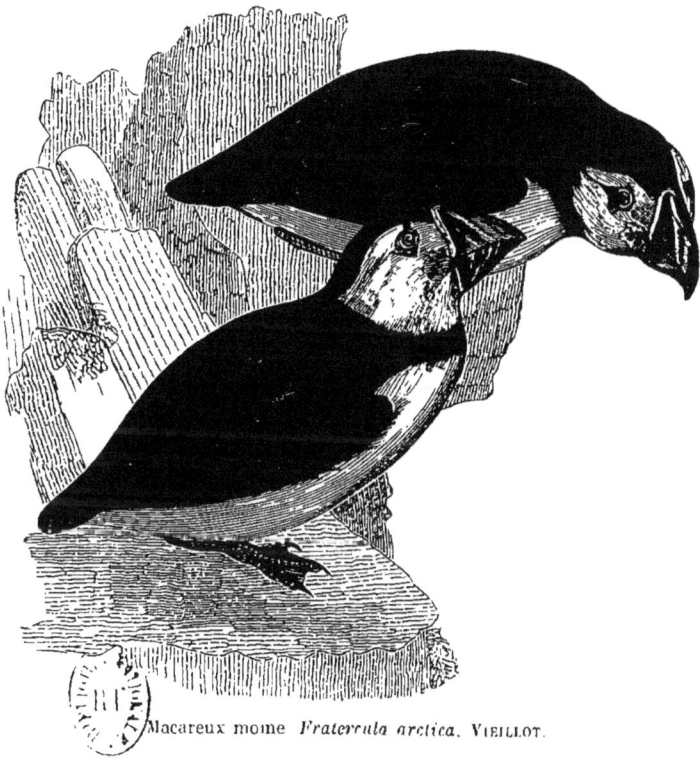

Macareux moine *Fratercula arctica*. VIEILLOT.

Imp. Schneider.

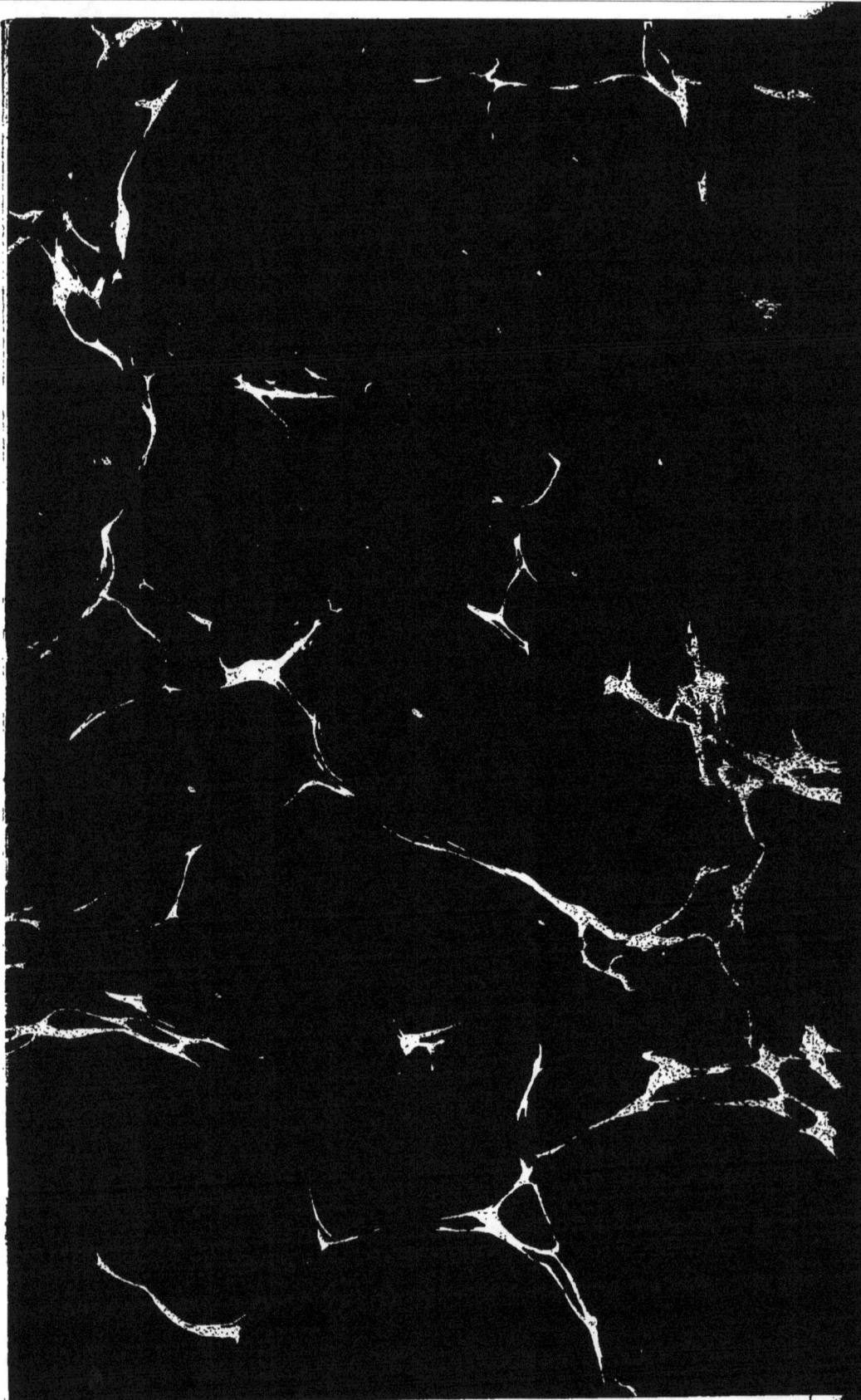

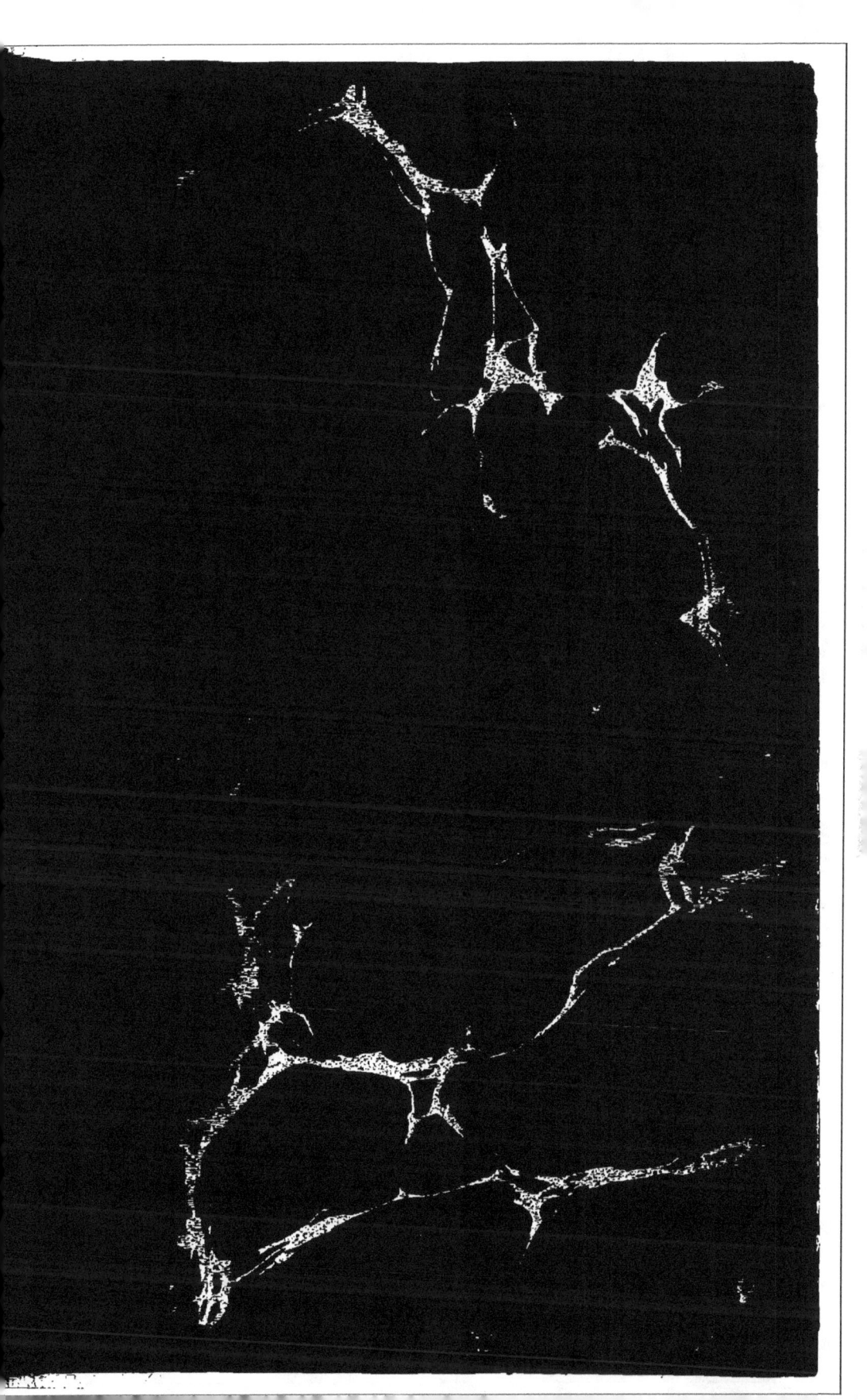

www.ingramcontent.com/pod-product-compliance
Lightning Source LLC
Chambersburg PA
CBHW052106230326
41599CB00054B/4055